FORSCHUNGSBERICHTE DES LANDES NORDRHEIN - WESTFALEN

Nr. 2254

Herausgegeben im Auftrage des Ministerpräsidenten Heinz Kühn
vom Minister für Wissenschaft und Forschung Johannes Rau

Dr.-Ing. Helmut Huber

Institut für Werkzeugforschung Remscheid

Einfluß der Stempelgeometrie auf den Umformwiderstand und die Abformgenauigkeit beim Kalteinsenken

Westdeutscher Verlag Opladen 1972

ISBN-13: 978-3-531-02254-3   e-ISBN-13: 978-3-322-88245-5
DOI: 10.1007/978-3-322-88245-5

© 1972 by Westdeutscher Verlag, Opladen

Gesamtherstellung: Westdeutscher Verlag ·

Inhalt

1. Theoretische Grundlagen 5

   1.1 Einsenkverfahren 5
   1.2 Metallkundliche Grundlagen 6
   1.3 Rechnerische Grundlagen 8

2. Problemstellung 10

3. Untersuchungsprogramm 10

   3.1   Ausführung der Einsenkstempel 10
   3.1.1 Formen der Einsenkstempel 10
   3.1.2 Werkstoff und Wärmebehandlung der
         Einsenkstempel 12
   3.2   Ausführung der Matrizen 12
   3.2.1 Formen der Matrizen 12
   3.2.2 Werkstoff, Glühfestigkeit und
         Glühgefügeausbildung der Matrizen 13
   3.3   Versuchsdurchführung 13
   3.4   Auswertung der Versuche 14

4. Versuchsergebnisse 15

   4.1   Einfluß der Ausführung der Stempelstirn-
         fläche auf die erforderliche Druckkraft
         bei symmetrischen Formen 15
   4.2   Fließlinien und Verfestigung bei symme-
         trischen Stempeln mit verschiedenen Stirnflächen . . 17
   4.3   Einfluß der Ausführung der Stempelstirnfläche
         auf die erforderliche Druckkraft bei asymmetri-
         schen Formen 18
   4.4   Fließlinien und Verfestigung bei asymmetrischen
         Stempeln mit verschiedenen Stirnflächen 19
   4.5   Abformgenauigkeit symmetrischer Stempel mit
         verschiedenen Stirnflächen in den Matrizen . . . 20
   4.6   Abformgenauigkeit asymmetrischer Stempel mit
         verschiedenen Stirnflächen in den Matrizen . . . 22

Zusammenfassung 25

Literaturverzeichnis 28

Abbildungen 30

1. Theoretische Grundlagen

Das Kalteinsenkverfahren stellt eine wirtschaftliche Methode zur Herstellung von Hohlformen dar. Die Verknappung von Facharbeitern zwingt die Industrie auf möglichst einfache Fertigungsverfahren auszuweichen. Deshalb hat das Einsenkverfahren in den letzten Jahren besonders für die Herstellung von Kunststoff-Spritzformen und Schmiede-Gesenken an Bedeutung gewonnen. Diese Methode gestattet den Einsatz angelernter Hilfskräfte im Gegensatz zu hochbezahlten Facharbeitern bei anderen Herstellverfahren. Die Konkurrenz zum Kalteinsenken von Hohlformen sind die spanende Bearbeitung, elektroerosive, elektrochemische Formenherstellung, sowie das Gießverfahren. Man kann die Vorteile des Kalteinsenkens gegenüber den vorab genannten Verfahren wie folgt zusammenfassen:

1. Die Herstellung einer Stempelaußenform ist einfacher als die einer entsprechenden Hohlform.
2. Mit jedem Stempel können eine Vielzahl gleicher Einsenkungen vorgenommen werden.
3. Der Faserverlauf des Matrizenwerkstoffes wird nicht zerstört.
4. Die Gravur weist eine sehr glatte Oberfläche auf.
5. Kurze Herstellungszeit.
6. Große Genauigkeiten.

Die Grenzen des Verfahrens werden in Abschnitt 1.2 ausführlich besprochen. Innerhalb seines bestimmten Anwendungsgebietes zeigt das Kalteinsenken hohe Wirtschaftlichkeit und Rentabilität (1,2,3).

1.1 Einsenkverfahren

Beim Einsenken wird die Verformbarkeit des Stahles dazu benutzt, in einem direkten und meist ununterbrochenen Umformprozeß mit Hilfe eines negativen Modelles eine positive Hohlform herzustellen.

Dieses Modell wird aus Kaltarbeits- oder Schnellarbeitsstahl gefertigt und wegen der gewünschten hohen Verschleißbeständigkeit beim serienmäßigen Gebrauch auf Härtewerte von ca. 60 HRc (Kaltarbeitsstahl) bzw. 64 HRc (Schnellarbeitsstahl) wärmebehandelt.

Die Matrize, in die die Form eingebracht werden soll, muß in einem Zustand höchster Verformungsfähigkeit vorliegen.

Als Umformmaschine wird eine Presse verwendet, wie sie in Abb. 1 dargestellt ist. An eine derartige Maschine werden besondere Anforderungen gestellt, die sich aus dem Einsenkverfahren selbst ergeben: Große Starrheit (geringe elastische Verformung des Pressenrahmens), stoßfreie und gleichmäßige Zunahme der Preßkraft bis zum Höchstwert, stufenlos regelbare Einsenkgeschwindigkeiten, parallele Führung des Tisches und Arbeitskolbens, gute Zugänglichkeit für Matrizen, Unterlegscheiben, Halteringe und Stempel.

So ergibt sich die gezeigte geschlossene Einständerpresse in Torgestellausführung. Als Antrieb dient eine hydraulische mehrstufige Pumpe mit unmittelbarem Pumpenanschluß. Die Druckkraft selbst wird von einer kombinierten Niederdruckzahnrad- und Hochdruck-Kolbenpumpe erzeugt; die Geschwindigkeit der Kolbenbewegung ist durch Ventilregelung der Hochdruckstufe fein und stufenlos in Bereichen von 0,005 bis 0,1 mm/sec. einstellbar. Bevorzugt wird die Konstruktion als Unterkolbenpresse, bei der eine Grundplatte durch den Kolben von unten nach oben gedrückt wird. Als Druckflüssigkeit dient dazu im allgemeinen Hochdruckhydrauliköl (4,5,6).

1.2 Metallkundliche Grundlagen

Begrenzt wird das Einsenkverfahren durch die Tatsache, daß die plastische Verformbarkeit von Stahl zwar mit recht niedrigen Schubspannungen eingeleitet werden kann, dann aber eine starke Verfestigung des Werkstoffes auftritt. Wenn der Verformungsvorgang also weitergeführt werden soll, ist nach kurzer Zeit eine beträchtliche Erhöhung der Verformungskraft erforderlich.

Die plastische Verformung wird in erster Linie nicht durch die Änderung ganzer Gitterbereiche bewirkt, sondern durch die Bewegung von Versetzungen im Kristallgitter. Während die zur gleichzeitigen Aufhebung aller Bindungen zwischen den einzelnen Netzebenen benötigte Spannung bei ca. 500 kp/mm^2 liegen würde, beobachtet man ein plastisches Fließen von metallischen Werkstoffen schon bei Spannungswerten, die eine Zehnerpotenz niedriger liegen als dieser Wert der Kohäsionsfestigkeit eines idealen Kristallgitters. Jedes Netzwerk ist von Störstellen durchzogen, die bereits als Baufehler beim Kristallwachstum entstehen und die als Stufen- oder Schraubenversetzungen bzw. einer Kombination beider Typen auftreten. Man schätzt, daß ein Realkristall von 1 cm^2 Grundstruktur ca. 10^8 Versetzungen enthält. Stark vereinfacht kann eine Versetzung beschrieben werden, indem man sagt, daß in den Atomreihen zweier benachbarter Netzebenen der Zahl n Atome der einen Reihe n + 1 Atome in der anderen Reihe gegenüberstehen.

Bei der Beanspruchung des Werkstoffes durch äußere Kräfte setzen sich bei Überschreiten einer kritischen Schubspannung die Versetzungen in Bewegung und wandern über bestimmte kristallografisch bevorzugte Bereiche - nämlich die Ebenen mit dichtester Atombesetzung - durch das Gitter und bewirken so dessen Gleiten und damit eine Verformung des Kristalles.

Als bevorzugte Gitterebenen dienen bei einem kubischflächenzentrierten Gitter (γ-Eisen) die (111)-Oktaederflächen, bei einem kubischraumzentrierten Gitter (α-Eisen) die (101)-, (112)- und (123)-Ebenen.

Während der Verformung kann nun eine beträchtliche Erhöhung der Versetzungskonzentration von ca. 10^8 auf 10^{12} Versetzungen pro cm^2 Grundgitter festgestellt werden. Dieser Anstieg wird von sogenannten Frank-Read-Quellen verursacht, von Versetzungslinien, die sich unter dem Einfluß fortschreitender äußerer Belastung immer weiter durchbiegen, auseinanderreißen und einzeln weiterlaufen, während die "Quelle" in ihren alten Zustand zurückgeht und erneut ihre Tätigkeit beginnt.

Die Wanderung der Versetzungen und der Anstieg der Versetzungsdichte führt zu einer gegenseitigen Behinderung der Störstellen. Hinzukommt, daß in einem Kristall weitere Hindernisse in Form von gelösten Fremdatomen sowie Teilchen subatomarer Abmessungen (Korngrenzen, Einschlüsse) vorhanden sind, die die Bewegungsfähigkeit der Versetzungen zusätzlich einschränken (7,8).

Diese bei fortschreitender Umformung ansteigende Behinderung des Gleitprozesses infolge der beschriebenen Aufstauungen der Versetzungen führt zu einem Stillstand der Verformung; eine Erscheinung, die als Verfestigung des Werkstoffes bezeichnet wird. Soll der Fließvorgang, wie bei einer Umformung erwünscht, kontinuierlich aufrechterhalten werden, so sind mit fortschreitender Verformung stetig anwachsende Schubspannungen, d.h. ansteigende Kräfte, erforderlich. Man kann das Verfestigungsverhalten metallischer Werkstoffe an Hand von Fließkurven beschreiben, die die Abhängigkeit der Formänderungsfestigkeit vom Umformgrad darstellen. Diese Kurven lassen sich mathematisch hinreichend genau durch die Potenzfunktion

$$K_f = a \cdot \varphi^n \quad \text{oder} \quad K_f = (K_{f1}) \cdot \varphi^n$$

beschreiben (φ = logarithmische Formänderung, K_f = Formänderungsfestigkeit, $a = (K_{f1})$ = Spannungskonstante) (9).

Die Größe der Zahl "n" gilt dabei als Maß für die vorliegende Verfestigung; aus diesem Grunde wird "n" auch als Verfestigungsexponent bezeichnet. Die Abb. 2 und 3 zeigen derartige, im Druckversuch ermittelte Diagramme für die Werkstoffe Ck 10 und 56 NiCrMoV 7. Daraus ist bei einem Vergleich zu entnehmen, wie stark die Verfestigung von der chemischen Zusammensetzung des Werkstoffes abhängt: Während für eine logarithmische Formänderung von 80 % bei dem Stahl Ck 10 eine bezogene Formänderungsarbeit von 40 kp $\cdot \frac{mm}{mm^3}$ erforderlich ist, beträgt dieser Wert für die gleiche Verformung bei dem Stahl 56 NiCrMoV 7 80 kp $\frac{mm}{mm^3}$, also das Doppelte. Entsprechend ist auch der Unterschied in der Formänderungsfestigkeit: Infolge der stärkeren Verfestigung erreicht die Formänderungsfestigkeit bei einer logarithmischen Formänderung von 80 % bei dem Werkstoff 56 NiCrMoV 7 eine Höhe von 115 kp/mm^2, während der Stahl Ck 10 bei gleicher Verformung nur 65 kp/mm^2 aufweist (10, 11).

Abb. 4 zeigt als Maß für diese Beeinflussung die Abhängigkeit der Brinellhärte von den verschiedenen Legierungselementen im weichgeglühten Ferrit: Die Elemente Nickel, Mangan und Silizium weisen einen wesentlich höheren Einfluß auf die Härte - und damit auch auf die Verformungsfähigkeit - auf, als Chrom, Wolfram, Molybdän und Vanadin.

Bei der Betrachtung dieser beiden Gruppen erkennt man, daß es sich bei den letztgenannten Elementen um diejenigen handelt, die mit dem Kohlenstoff des Stahles Sonderkarbide bilden, die sich als gesonderte Phase im Gefüge des Werkstoffes befinden. Die chemische Zusammensetzung dieser Phasen kann je nach der Menge des zulegierten Elementes sehr verschieden sein. Man hat z.B. bei Chrom eine Zusammensetzung nach $M_{23}C_6$, M_7C_3 und M_3C beobachtet, bei Wolfram M_6C und MC. (M = Metall.)

Die vorhandene Löslichkeit dieser Elemente ist von ihrem Atomradius abhängig: Mit steigendem Atomradius nimmt die Löslichkeit ab. Bei Raumtemperatur liegen die Karbide bei einwandfreier Wärmebehandlung im Ferrit in kugeliger und fein verteilter Form vor; das gilt auch für das Karbid des Eisens (Fe_3C, Zementit): Sowohl das freie, als auch das mit dem Ferrit im vorhandenen Perlit verbundene Karbid liegt in kugeliger und fein verteilter Form vor.

Die Verformung wird also in überwiegendem Maße vom Gitter des α-Eisens getragen.

Die eine Verformung im weichgeglühten Gefügezustand des Ferrits erschwerende Legierung des Stahles mit den Elementen Nickel, Mangan und Silizium ist darauf zurückzuführen, daß diese Metalle keine Karbide bilden, sondern mit dem Eisen Substitutionsmischkristalle eingehen. Ein derartiger Ersatz einzelner Atome eines Gitters durch Atome anderer Elemente ist nur möglich, wenn sich die Atomradien in gewissen Grenzen ($\pm$ 15 %) ähnlich sind. Die Lösung von Elementen durch Substitution hat zur Folge, daß die Beweglichkeit der einzelnen Atome und Versetzungen im Gitter stark behindert wird.

Eine Lösung auf interstitiellen Plätzen - also auf den "leeren Stellen" zwischen den Atomen im Gitter - ist nur möglich, wenn der Atomdurchmesser dieser Elemente so klein ist, daß sich die Atome auch an diesen Stellen aufhalten können. Diese Grenze ist in Fe bei $<$ 1 Å Durchmesser erreicht, so daß in Eisen nur die Elemente Wasserstoff, Sauerstoff, Stickstoff und Kohlenstoff unter bestimmten Bedingungen interstitiell aufgenommen werden können.

Die als zusätzliche eigene Phase im Stahl vorhandenen nichtmetallischen Einschlüsse in Form von Sulfiden und Oxyden üben auf Grund ihrer Größe und meist langgestreckten Ausbildung, sowie durch die seigerungsbedingte Ausscheidung in Zeilen, einen starken, die Umformfähigkeit des Werkstoffes vermindernden Einfluß aus.

Als Resultat dieser Betrachtungen ergibt sich als der für das Einsenken günstigste Gefügezustand der ferritische, bei dem die vorhandenen Legierungselemente in Form von Karbiden gebunden vorliegen, die wiederum fein und gleichmäßig verteilt in kugeligen Maßen vorhanden sein sollen (weichgeglüht). Eine Verunreinigung durch nichtmetallische Einschlüsse, sowie eine Zeilenform und streifige Seigerungen sind nicht erwünscht (12,13,14,15).

1.3 Rechnerische Grundlagen

Die durch die beschriebenen Verfestigungsvorgänge bei steigender Verformung anwachsenden Druckkräfte können beim Kalteinsenken keineswegs fortlaufend erhöht werden, sondern werden vielmehr durch die folgenden Einflüsse begrenzt:

1. Durch die maximale Druckbelastbarkeit des Stempelwerkstoffes.
2. Durch die Trennfestigkeit des Matrizenwerkstoffes.

Die Tatsache, daß die beschriebene Einsenkpresse unter Berücksichtigung wirtschaftlicher Gesichtspunkte in ihrer Druckkraft nicht beliebig hoch gesteigert werden kann, soll hier nicht näher erläutert werden.

Die maximale Druckbelastbarkeit des Stempels ist eine Werkstoffkenngröße und daher von der chemischen Zusammensetzung des verwendeten Stahles abhängig. Für die Herstellung der Stempel werden im allgemeinen legierte Kaltarbeitsstähle oder Schnellarbeitsstähle eingesetzt. Dabei wird den Kaltarbeitsstählen vielfach der Vorzug gegeben, da diese sich leichter als Schnellarbeitsstähle zerspanen lassen und ihre Wärmebehandlung problemloser ist.

Bei den aus Verschleißgründen erforderlichen Härtewerten von 60 HRc bei den Kaltarbeitsstählen bzw. 64 HRc bei Schnellarbeitsstählen kann als maximale Druckbelastbarkeit mit ca. 280 kp/mm^2 bei ersteren und mit ca. 320 kp/mm^2 bei letzteren gerechnet werden (16).

Das Formänderungsvermögen des Matrizenwerkstoffes wird bestimmt von dem Verhältnis der primär und sekundär auftretenden Zugspannungen zur Trennfestigkeit. Es wird begrenzt, wenn der bei fortschreitender Verformung anwachsende Formänderungswiderstand die Trennfestigkeit des Werkstoffes erreicht. Beim Kalteinsenken wird diese Grenze in starkem Maße von den sekundären Zugspannungen bestimmt, also von Spannungen, die durch Druckspannungen erzeugt werden. Geht man von einer ausreichend niederen Glühfestigkeit bei der Matrize aus, so wird erfahrungsgemäß die maximale Druckfestigkeit des Stempels vor der Trennfestigkeit der Matrize erreicht. Die Rißbildung durch Abschieben von Werkstoffteilen entlang von Rutschkegeln ist bei diesen weichen Werkstoffen auch bei ansteigender Verfestigung nicht zu erwarten, da sich die Umformung auf einen relativ großen Bereich der Matrize verteilen kann. Daraus ergibt sich als Grenzwert für die Einsenkfähigkeit einer Form allein die maximale Druckbelastbarkeit des Stempels, d. h., der Umformvorgang muß allgemein dann abgebrochen werden, wenn die spezifische Stempelbelastung von 280 kp/mm^2 bzw. 320 kp/mm^2 erreicht wird (17).

Dieses Kriterium wird in der Praxis dann auch dazu verwendet, die Einsenkbarkeit einer Form bekannter Fläche in eine Matrize bekannter Glühfestigkeit auf verschiedenen Wegen rechnerisch näherungsweise vorabzubestimmen. Diese Methoden sind:

1. Pmax-Verfahren
2. $4,5 \cdot K_f$-Verfahren
3. HB-Verfahren.

Das Pmax-Verfahren bestimmt aus dem Produkt der Einsenkfläche und Stempelbelastbarkeit die erforderliche maximale Preßkraft; eine Angabe über die zu erreichende Einsenktiefe kann allerdings nicht gemacht werden, da dabei die Verfestigung des Werkstoffes nicht berücksichtigt wird.

Dieser Tatsache trägt das $4,5 \cdot K_f$-Verfahren Rechnung: Aus vielen Versuchen hat sich der empirisch ermittelte Zusammenhang zwischen dem Umformwiderstand K_w und der Umformfestigkeit K_f

$$K_w = 4,5 \cdot K_f$$

ergeben. Entnimmt man den "Fließkurven metallischer Werkstoffe" (18) die bei einer bestimmten Formänderung auftretende Formänderungsfestigkeit K_f, so ergibt sich für die maximale Druckkraft

$$Pmax = F \cdot 4,5 \cdot K_f.$$

Dabei muß allerdings die bezogene Einsenktiefe t/d (t = Einsenktiefe, d = Durchmesser bzw. umgerechneter Durchmesser des Stempels) auf den Wert der logarithmischen Formänderung φ nach

$$\varphi = 33 \cdot t/d - 1 \ (\%)$$

umgerechnet werden.

Das HB-Verfahren fußt auf dem Zusammenhang zwischen Brinellhärte HB der Matrize, dem spezifischen Einsenkdruck und der bezogenen Einsenktiefe. Daraus kann die Flächenpressung an der Stempelstirnfläche errechnet werden; diese Werte sind in einer Tabelle zusammengefaßt. Alle diese Angaben beziehen sich jedoch auf Stempel mit ebener Stirnfläche (6,10,11).

2. Problemstellung

Für Stempel mit runder Stirnfläche ist im Gegensatz zu den in Abschnitt 1.3 gemachten Ausführungen nicht bekannt, in welchem Maße der für eine bestimmte Einsenkung erforderliche Druck von dem bei Stempeln mit ebener Stirnfläche abweicht.

Da zu erwarten ist, daß infolge einer weniger starken Verfestigung unterhalb abgerundeter Flächen des eindringenden Stempels mit geringeren Drücken gerechnet werden kann, ist zu prüfen, wie sich die dabei zu erreichenden hohen Einsenktiefen auf die Abbildungsgenauigkeit des Stempels in der Matrize auswirken.

Hinzukommt die Tatsache, daß bei einer runden Stempelstirnfläche der Fließvorgang anders verläuft als bei einer ebenen Fläche. Auch aus diesem Grunde ist die Abformgenauigkeit der verschiedenen symmetrischen und asymmetrischen Stempel in der Matrize zu prüfen.

Die vorliegenden Untersuchungen bezogen sich also auf die Klärung folgender Fragen:

1. Wie beeinflußt bei symmetrischer Form eine abgerundete Stempelstirnfläche die zum Erreichen einer bestimmten Einsenktiefe erforderliche Druckkraft?
2. Wie wirken sich abgerundete Stempelstirnflächen auf die Abbildungsgenauigkeit dieser Stempel in der Matrize aus?
3. Wie beeinflussen asymmetrische Stempelformen mit teilweise abgerundeter Stirnfläche die erforderliche Druckkraft bei gleichen Einsenktiefen?
4. Welche Abbildungsgenauigkeit kann bei diesen asymmetrischen Formen erzielt werden?

3. Untersuchungsprogramm

3.1 Ausführung der Einsenkstempel

3.1.1 Formen der Einsenkstempel

Die Abb. 5 zeigt die Formen der in den Versuchen eingesetzten symmetrischen Einsenkstempel, die folgende Abmessungen aufweisen:

Runder Stempel: Durchmesser an der ebenen Stirnfläche: 40 mm ⌀
Abrundung an der Stirnfläche:

    a) Höhe 20 mm, Radius 20 mm
    b) Höhe 10 mm, Radius 28,5 mm

Höhe des Stempels:	48 mm
Gesamthöhe des Stempels mit Aufnahme:	78 mm
Durchmesser der Aufnahme:	60 mm ⌀
Schräge der Stempelseiten:	2°

Rechteckiger Stempel: Abmessungen der ebenen Stirnfläche: 24 x 52 mm
Abrundung an der Stirnfläche

    a) Höhe 12 mm, Radius 12 mm
    b) Höhe 6 mm, Radius 16,3 mm

Höhe des Stempels:	45 mm
Gesamthöhe des Stempels mit Aufnahme:	80 mm
Abmessungen der Aufnahme:	75 x 45 mm
Schräge der Stempelseiten:	2°

Die Fläche der ebenen Stirnseite beträgt also in beiden Fällen ca. 1250 mm^2. Bei einem Durchmesser der Matrize an deren Einsenkseite von 95 mm = 7084 mm^2 ergibt sich ein Einsenkflächenverhältnis (Fläche der Matrize F / Fläche des Einsenkstempels f) F/f von 5,64.

Die Formen der asymmetrischen Stempel sind in Abb. 6 dargestellt; sie besitzen folgende Abmessungen:

Zweifacher Rundstempel mit Steg:
Durchmesser des Zylinders an der ebenen Stirnfläche:	40 mm ⌀
Abrundung an der Stirnfläche: Höhe 20 mm, Radius	20 mm
Breite des Steges:	15 mm
Länge des Steges:	60 mm
Höhe des Stempels:	55 mm
Gesamthöhe des Stempels mit Aufnahme:	120 mm
Abmessung der Aufnahme:	164 x 62 mm
Schräge der Stempelseiten:	2°

Einfacher Rundstempel mit Steg:
Durchmesser des Zylinders an der ebenen Stirnfläche:	50 mm ⌀
Abrundung an der Stirnfläche: Höhe 25 mm, Radius	25 mm
Breite des Steges:	15 mm
Länge des Steges:	100 mm
Höhe des Stempels:	55 mm
Gesamthöhe des Stempels mit Aufnahme:	120 mm
Abmessungen der Aufnahme:	174 x 72 mm
Schräge der Stempelseiten:	2°

Diese Formen weisen an der ebenen Stirnfläche eine Einsenkfläche von 3412 mm^2 bzw. 3465 mm^2 auf. Bei einer Matrizenfläche von 200 x 95 mm = 19000 mm^2 ergeben sich Einsenkflächenverhältnisse F/f von 5,55 und 5,5. Bei allen Einsenkungen wird also ein annähernd gleiches Einsenkverhältnis von 5,5 bis 5,6 eingehalten.

Die Stempelkonizität von 2° wurde gewählt, da dieser Wert einmal eine gute Annäherung an die Form eines Zylinders gewährt, zum anderen diese Steigung ein leichtes Lösen des Stempels aus der Matrize gewährleistet. Für die Praxis ist dieser Neigungswinkel ohne Belang, da deren eingesetzte Formen in den meisten Fällen größere Winkel besitzen, so z. B. bei den Gesenken ca. 4 bis 5°.

Die Stempel wurden vor dem Einsatz auf einer Wärmeplatte auf ca. 100° C vorgewärmt. Als Schmiermittel diente ein dünner Kupferfilm, der durch das Aufbringen von Kupfervitriol auf den Stempel erzeugt wurde.

3.1.2 Werkstoff und Wärmebehandlung der Einsenkstempel

Alle runden und rechteckigen symmetrischen Stempel sind aus Schnellarbeitsstahl S 6-5-2, Werkstoff-Nr. 3343, angefertigt worden. Dieser Werkstoff besitzt folgende Richtanalyse in %:

C	Si	Mn	Cr	Mo	V	W
0,80	≲0,45	≲0,40	4,0	5,0	1,8	6,2

Nach der Zerspanung wurden die Werkzeuge zunächst bei 750° C geglüht. Die Wärmebehandlung erfolgte wie folgt:

Härten: Vorwärmen auf 850° C, Härtetemperatur 1220° C, Ablöschen in Öl von 40° C

Anlassen: Zweimaliges Anlassen bei 540° C und 560° C. Die bei dieser Wärmebehandlung erreichte Härte betrug 64 HRc $\pm$ 1 HRc.

Aus fertigungstechnischen Gründen sind die asymmetrischen Zweifach- und Einfachrundstempel mit Steg aus dem Werkstoff X 165 CrMoV 12, Werkstoff-Nr. 2601, hergestellt worden. Dieser Stahl weist folgende Richtanalyse in % auf:

C	Si	Mn	Cr	Mo	V	W
1,60	0,30	0,30	11,5	0,60	0,10	0,50

Es wurde die folgende Wärmebehandlung durchgeführt:

Härten: Vorwärmen auf 800° C, Härtetemperatur 1020° C, Ablöschen in Öl von 40° C

Anlassen: 500° C

Dabei stellte sich eine Härte von 60 HRc ein.

3.2 Ausführung der Matrizen

3.2.1 Formen der Matrizen

Die verwendeten Matrizen besaßen folgende Abmessungen:

Für runde und rechteckige symmetrische Stempel:
95 mm ∅, konisch auf 90 mm ∅, 80 mm hoch.

Für asymmetrische Stempel:
200 mm x 95 mm x 95 mm.

Die für die Einsenkung vorgesehene Fläche wies nach einem Maschinenfeinschliff eine Oberfläche mit einer Rauheit von 5 µm auf.

3.2.2 Werkstoff, Glühfestigkeit und Glühgefügeausbildung der Matrizen

Die im folgenden beschriebenen Versuche sind an Matrizen dreier verschiedener Werkstoffe durchgeführt worden:

1. X 6 CrMo 4,   Werkstoff-Nr. 2341
2. St 37,   Werkstoff-Nr. 0110
3. X 32 CrMoV 3 3, Werkstoff-Nr. 2365

Diese Stähle besitzen die in Tab. 1 angegebenen Richtwerte in % bezüglich ihrer chemischen Zusammensetzung:

Tab. 1: Chemische Zusammensetzung und Glühfestigkeit der für Matrizen verwendeten Werkstoffe

Werkstoff	C	Si	Mn	Cr	Mo	V	Glühfestigkeit in kp/mm^2
X 6 CrMo 4	0,07	0,20	0,20	3,50 -4,00	0,30 -0,60	=	37,0
St 37	0,20	0,30	0,20 -0,50	=	=	=	48,0
X 32 CrMoV 3 3	0,28 -0,35	0,20 -0,40	0,20 -0,40	2,70 -3,20	2,60 -3,00	0,40 -0,70	60,0

In dieser Tabelle sind auch die Glühfestigkeitswerte der einzelnen Werkstoffe enthalten, die in Bereichen von ca. 10 kp/mm^2 gestaffelt sind.

Wie in Abschnitt 1.2 beschrieben, bietet der weichgeglühte Gefügezustand die für eine Umformung bezüglich des Fließverhaltens günstigsten Voraussetzungen. Die Abb. 7 bis 9 zeigen die Gefügeausbildung im Anlieferungs- und damit im Arbeitszustand der drei Matrizenwerkstoffe.

Daraus ist zu entnehmen, daß der Werkstoff X 6 CrMo 4 in fast ferritischer Gefügeausbildung vorliegt. Der auf Grund seines geringen C-Gehaltes von 0,07% noch in geringem Maße vorhandene Perlit ist zwar aufgelöst, befindet sich jedoch noch an den Ferritkorngrenzen und an seinen ehemaligen Stellen; er ist nicht gleichmäßig verteilt und eingeformt.

Der Werkstoff St 37 zeigt ein ferritisches Grundgefüge gemäß einem C-Gehalt von 0,2 % mit Perlitinseln. Dieser Perlit liegt in lamellarer Form vor, also nicht kugelig; der vorliegende Gefügezustand ist also für die Umformung nicht optimal geeignet. Diesen günstigen Zustand einer kugelig-perlitischen Grundmasse mit fein verteilten Karbiden weist dagegen der Werkstoff X 32 CrMoV 3 3 auf. Vereinzelt sind noch die Korngrenzen der ehemaligen Perlitinseln zu erkennen.

3.3 Versuchsdurchführung

Die bei den Versuchen verwendete Presse ist bereits in Abschnitt 1.1

besprochen und in Abb. 1 gezeigt worden.

Während des Einsenkvorganges wurde gleichzeitig die Druckkraft und der Stempelweg mit einem Schreiber aufgezeichnet, so daß die für die Umformung erforderliche Kraft zu jeder Einsenktiefe dem Druck/Weg-Diagramm entnommen werden kann. Die Druckmessung erfolgt mit einer 500 t- bzw. 1000 t-Druckmeßdose, die Wegmessung mit induktiven Weggebern. Die Abb. 10 enthält ein Blockschaltbild des Meßaufbaues.

Die Matrizen waren während des Einsenkvorganges in eine Haltevorrichtung eingesetzt worden. Die runden Proben in einem Ring der Abmessung 300 mm ⌀ außen, 95/90 mm ⌀ innen, Höhe 110 mm, die rechteckigen in einem Rahmen der Maße 410 mm x 510 mm außen, 205 x 305 mm innen, 100 mm Höhe. Das Einsenken im Haltering bietet den Vorteil, daß die beim freien Senken entstehenden axialen Druck- und Zugspannungen von dieser Vorrichtung aufgenommen werden. Auf diese Weise wirkt man einer gewissen Rißgefahr innerhalb der Matrize entgegen, die besonders dann sehr groß ist, wenn die Form des Stempels eine Keilwirkung bei der Umformung der Gravur zur Folge hat. Außerdem leidet beim freien Senken die Maßgenauigkeit der hergestellten Form durch die stärkere Verformung der Matrizenaußenflächen (19,20).

Abb. 11 zeigt eine ohne Halterahmen eingesenkte Form, an der deutlich die aufgetretenen Innenrisse und die ovale Abbildung des runden Stempels zu erkennen ist. Der Nachteil des Einsenkens mit Halterahmen liegt in dem gegenüber dem freien Senken erhöhten Kraftbedarf, der durch die erhöhten Reibungskräfte am Stempel und am Ring beim Hochsteigen des Werkstoffes verursacht wird.

3.4 Auswertung der Versuche

Bei der Aufnahme von Kraft-Weg-Kurven bietet sich für die Auswertung der aufgezeichneten Meßgrößen bei der Verwendung von Stempeln ebener Stirnfläche als Maß für den fortschreitenden Umformvorgang die Einsenktiefe t oder die auf den Durchmesser des Stempels d bezogene Einsenktiefe t/d an.

Dieses Verfahren konnte im vorliegenden Fall nicht verwandt werden, da sich bei Stempeln mit abgerundeter Stirnfläche bei Beginn der Umformung - wenn nämlich die abgerundete Fläche eingedrückt wird - diese Fläche des Stempels bei steigender Tiefe ändert.

Voraussetzung für einen Vergleich der Druckkräfte bei verschiedenen Formen und Werkstoffen unterschiedlicher Glühfestigkeit ist jedoch die Betrachtung gleicher umgeformter Werkstoffvolumina. Aus diesem Grunde wurde bei Stempeln mit runder Stirnfläche bei bestimmten Einsenktiefen das zugehörige verdrängte Materialvolumen bestimmt und ermittelt, welcher Einsenktiefe eines flachen Stempels gleicher Grundfläche bei gleichem Werkstoffvolumen dieser Wert entspricht. An den Punkten gleicher Volumenverdrängung wurde aus dem Kraft-Weg-Diagramm des Einsenkversuches dann der dazugehörige Einsenkdruck abgelesen.

Die Bestimmung der Abformgenauigkeit des Stempels in der Matrize erfolgte mit Hilfe eines Leitz-Strasmann-Meßstandes (Abb. 12).

Zunächst wurde der Einsenkstempel vor dem Versuch ausgemessen. Nach Durchführung des Versuches, bei dem die Lage des Stempels zur Matrize durch Markierungen festgehalten worden war, erfolgte die Vermessung der eingesenkten Hohlform. Bei diesen Messungen geht der Anteil elastischer Formänderungen des gesamten Umformsystemes Maschine - Druckplatten - Druckmeßdose - Matrize - Stempel als konstanter Fehler ein. Die während des Versuches mehrmals durchgeführte Vermessung des Einsenkstempels stellt sicher, daß die Grenze von elastischer zu plastischer Formänderung an diesem Werkzeug nicht überschritten worden war.

In den gezeigten Versuchsergebnissen ist die Differenz von Stempeldurchmesser zum Matrizendurchmesser bei verschiedenen Einsenktiefen ausgehend vom Gravurboden dargestellt.

4. Versuchsergebnisse

4.1 Einfluß der Ausführung der Stempelstirnfläche auf die erforderliche Druckkraft bei symmetrischen Formen

In den folgenden Abb. 13 bis 24 ist der Einfluß verschiedener Stempel-Stirnflächen auf die Druckkraft bei fortschreitender Einsenktiefe, also bei steigendem umgeformten Matrizenvolumen, für die einzelnen Werkstoffe verschiedener Glühfestigkeiten dargestellt. (S. auch Abb. 5; Form der verwendeten Stempel.)

Aus den Abb. 13 bis 18 ist zu entnehmen, daß der Stempel mit dem halbkreisförmigen Radius an der Stirnfläche (ausgezogene Linie) stets die geringste Druckkraft erfordert; das gilt sowohl für die runden als auch für die rechteckigen Formen.

Die Kraftersparnis beträgt gegenüber dem Stempel mit ebener Stirnfläche (gestrichelte Linie) bei den runden Proben ziemlich gleichmäßig 50 t, wenn man nicht gerade den Anfang des Diagrammes betrachtet, sondern Einsenktiefen $t/d \geq 0,2$ ($\geq 10\ 000\ mm^3$ Volumeneinheiten). Bei den rechteckigen Proben vermindert sich die Druckkraft bei Proben mit dem halbkreisförmigen Radius an der Stirnfläche gegenüber den Stempeln mit flacher Stirnfläche um 15 bis 40 t bei steigenden Umformverhältnissen (ausgezogene und gestrichelte Linien in den Abb. 16 bis 18).

Die Kraft-Weg-Kurven der Stempel mit dem Kreissegment an der Stempelstirnfläche (strichpunktierte Linien) weisen einen zunächst überraschenden Verlauf auf. Sie liegen nämlich nicht wie erwartet wurde grundsätzlich zwischen den extremen Linien eines flachen und stark abgerundeten Stempels, sondern es zeigt sich, daß der Stempel mit dem mittleren 28,5 mm-Radius an den Rundproben und 16,3 mm-Radius an den rechteckigen Proben zu Beginn der Umformung die höchsten Druckkräfte benötigt. Dieser steile Anstieg des Druckes bestätigt sich bei allen Versuchen (Abb. 13 bis 18). Nach diesem Anstieg verläuft die Kurve flach weiter und schneidet schließlich die des Stempels mit ebener Stirnfläche; von diesem Schnittpunkt an nehmen die Meßwerte die zunächst erwartete Mittelstellung im Umformverhalten zwischen dem stark abgerundeten und dem ebenen Stempel ein.

Der Schnittpunkt mit der Kurve des ebenen Stempels ist von der Glühfestigkeit des Matrizenwerkstoffes abhängig: Er verschiebt sich mit abnehmender Glühfestigkeit zu Werten höherer Umformung.

Bei den außerordentlich günstigen Fließverhältnissen des Werkstoffes X 6 CrMo 4 (Glühfestigkeit 40 kp/mm^2) liegt der Punkt außerhalb des in den Versuchen erfaßten Bereiches (Abb. 13).

Betrachtet man nun die Abhängigkeit der für die Umformung mit verschiedenen Stempelstirnflächen benötigten Druckkräfte von der Glühfestigkeit des Matrizenwerkstoffes, so ergibt sich folgendes: (Abb. 19 bis 24).

Bei allen Diagrammen läßt sich ein übereinstimmender Verlauf feststellen. Eine Steigerung der Glühfestigkeit des Matrizenwerkstoffes hat auf Grund der in Abschnitt 1.2 besprochenen Verfestigungserscheinungen einen erheblichen Anstieg der Kräfte zur Folge, die zur Umformung gleicher Werkstoffvolumina erforderlich sind.

Aus der gleichen Fläche von 1250 mm^2 der runden und rechteckigen Stempel ergibt sich bei einer spezifischen Belastbarkeit des Schnellarbeitsstahl-Werkzeuges von 320 kp/mm^2 eine maximale Druckkraft von 400 t; die Einsenkungen mußten also immer bei Erreichen dieses kritischen Wertes abgebrochen werden.

Aus den Abb. 19 bis 21 ist zu entnehmen, daß für runde Stempel diese Grenze bei den Matrizenwerkstoffen X 6 CrMo 4 und St 37 mit 40 bzw. 50 kp/mm^2 Glühfestigkeit selbst bei einem Einsenkverhältnis t/d = 1,0 (=50 000 mm^3) nicht erreicht wird. In Matrizen aus X 32 CrMoV 3 3 mit einer Glühfestigkeit von 60 kp/mm^2 sind dagegen nur Umformungen von 34 000 mm^3 (t/d = 0,68) bei einem ebenen Stempel, von 36 000 mm^3 (t/d = 0,72) bei einer schwachrunden Stempelstirn und 42 000 mm^3 (t/d = 0,84) bei einer starkrunden Stempelstirn möglich. In diesem Falle bietet die abgerundete Stempelstirnfläche also einen erweiterten Anwendungsbereich des Einsenkverfahrens, wie er aus der theoretischen Vorausberechnung nicht zu entnehmen ist.

Für rechteckige Stempel gilt im Prinzip das gleiche. Nur treten entgegen den Berechnungsgrundlagen, bei denen eine rechteckige Stempelform über d = 1,13 · $\sqrt{F}$ in eine kreisförmige umgerechnet werden kann, besonders bei höheren Umformgraden gegenüber den runden Stempeln wesentlich größere Druckkräfte auf, d.h., daß der Umformwiderstand der rechteckigen Form größer ist als der einer flächengleichen runden Form. Die vorgeschlagene Umrechnung von Rechteck in Kreis kann bei Erreichen des Grenzwertes bei der Stempelbelastung recht problematisch werden: So kann in diesem Falle eine Umformung von 50 000 mm^3 (t/d = 1,0) bei allen Stempelformen nur in eine Matrize von 40 kp/mm^2 Glühfestigkeit (X 6 CrMo 4) erfolgen. Beim Einsenken in eine Matrize aus St 37 mit 50 kp/mm^2 Glühfestigkeit erreicht der Stempel mit flacher Stirnfläche 47 000 mm^3 (t/d=0,94), mit schwachrunder Stirnfläche 49 000 mm^3 (t/d = 0,98) und nur der stark abgerundete Stempel >50 000 mm^3 (t/d = 1,0).

Noch ungünstiger wird dieses Verhältnis beim Einsenken in X 32 CrMoV 3 3 mit 60 kp/mm^2 Glühfestigkeit:

Der Stempel mit ebener Stirnfläche erreicht 30 000 mm^3 (t/d = 0,6), mit schwachrunder Fläche 32 000 mm^3 (t/d = 0,64) und mit stark abgerundeter Fläche 42 000 mm^3 (t/d = 0,84). Es ergeben sich also für die erreichbaren bezogenen Einsenkverhältnisse t/d zwischen den Stempeln flächengleicher Kreis- und Rechteckform Unterschiede von 0,5 bis 1,0.

4.2 Fließlinien und Verfestigung bei symmetrischen Stempeln mit verschiedenen Stirnflächen

Die bei dem Umformvorgang aufgetretene Verfestigung des Matrizenwerkstoffes kann durch Messung der Härte bzw. des Härteanstieges festgestellt werden. Zu diesem Zweck wurden verschiedene Proben nach dem Einsenken in der Mitte der Gravur getrennt und diese Fläche geschliffen sowie poliert. In bestimmten Abständen wurde auf der Probe dann die Härte mittels Brinell mit einer Belastung von 10 kp (Kugeldurchmesser 1 mm) bestimmt.

Verbindet man die Punkte gleicher Härte miteinander, so ergeben sich sogenannte Isoduren, d. h. Linien gleicher Härte, aus denen der Verlauf und die Lage der verfestigten Zone deutlich zu ersehen ist.

Da die Verfestigung mit zunehmender Kaltumformung ansteigt, kann man auf Grund der Lage und Härteunterschiede der Isoduren auf den Grad der Umformung in den einzelnen Teilen der Matrize schließen.

Die Abb. 25 bis 27 zeigen die an runden Stempeln gemessenen Isoduren am Beispiel des Werkstoffes $St_2 37$, der als Ausgangszustand eine Glühfestigkeit von ca. 50 kp/mm^2 (~145 kp/mm^2 HB 10/1) besitzt.

Der Stempel mit flacher Stirnfläche (Abb. 25) weist unterhalb der Stirnfläche zunächst eine Zone ohne wesentlichen Härteanstieg auf. Dann beginnt eine stark verfestigte Zone, in der die Härte bis 250 kp/mm^2 HB ansteigt, also ein Bereich hoher Umformung. Das gleiche ist an den Ecken der Stempelstirn zu erkennen, um die der Werkstoff bogenförmig nach oben steigt. Der Stempel mit dem kreisförmigen Radius an der Stirnfläche erzeugt, wie aus Abb. 26 zu ersehen ist, eine relativ gleichmäßige Umformung in der gesamten Matrize ohne Bereich starker Verfestigung. Er läßt den Werkstoff an der Abrundung vorbei nach oben fließen und zeigt infolge der günstigen Stirnfläche unter dieser keine wesentliche Kaltverfestigung.

Dagegen besitzt der in Abb. 27 gezeigte Stempel mit dem verminderten Radius eine stark verfestigte Zone direkt unter der Stirnfläche: Der für die ebene Stirnfläche typische Verformungskegel mit einem verformungsarmen Bereich an der Berührungsfläche Stempel/Matrize ist dabei nicht zu beobachten.

In den Abb. 28 bis 30 sind die an Hand der beschriebenen Isoduren ermittelten Fließvorgänge auf andere Weise sichtbar gemacht: Es wurden runde Matrizen in der Mitte geteilt, geschliffen, poliert und auf einer Innenfläche elektrochemisch mit einem kreis- und quaderförmigen Netzwerk versehen. Nach dem Einsenken mit den Stempeln verschiedener Stirnflächenform bestätigte sich das an den Isoduren gewonnene Bild bezüglich der Verfestigung bzw. Umformung der einzelnen Matrizenzonen: Der flache Stempel (Abb. 28) weist einen deutlichen Druckkegel auf. Von diesem Kegel ausgehend steigt der Werkstoff über die ganze Matrize verteilt nach oben. Der runde Stempel drückt den Werkstoff ohne Verfestigung lediglich zur Seite und läßt ihn an der Stirnrundung gleichmäßig nach oben fließen (Abb. 29).

Bei der Kreissegmentabrundung des Stempels (Abb. 30) ist bei der
abgebildeten Einsenktiefe sowohl ein Abfließen des Werkstoffes an
der Stirnfläche als auch eine starke Verfestigung direkt unter
der Stirnfläche ohne Druckkegel zu erkennen.

Diese Tatsache erklärt auch die in Abschnitt 4.1 geschilderte Erscheinung, daß diese Stempelform zu Beginn der Umformung zum
Fließen höhere Kräfte erfordert als ein ebener Stempel und erst
später die zu erwartende Mittelstellung zwischen den Kurven des
Stempels mit stark abgerundeter und ebener Stirnfläche einnimmt,
indem sie die Linie des ebenen Stempels schneidet. Es tritt also
zunächst direkt unterhalb der Berührungsfläche Stempel/Matrize
eine starke Verfestigung des Werkstoffes ein, ohne daß es zur
Ausbildung eines Druckkegels kommt. Bei weiterer Steigerung der
Umformkraft fließt dann das Material an der abgerundeten Stempelstirn vorbei leicht nach oben; für diesen Vorgang ist bei steigender Verformung weniger Druckkraft zur Aufrechterhaltung des
Fließvorganges erforderlich als zu Beginn des Einsenkvorganges
zur Überwindung der Verfestigung.

Die am Anfang durch die schnelle Verfestigung auftretenden Kräfte
hängen natürlich stark von der Ausgangsfestigkeit des Matrizenwerkstoffes ab: Je höher die Glühfestigkeit bereits ist, desto
stärker wirkt sich die Verfestigung aus und um so höher sind die
zur Umformung nötigen Kräfte. So verschiebt sich der Schnittpunkt
der Kurve mit der Linie des ebenen Stempels bei sinkender Glühfestigkeit des Matrizenwerkstoffes zu höheren Umformgraden
(Abb. 13 bis 18).

Aus den Abb. 28 bis 30 können durch Auswertung der maßlichen Veränderung der Kreise und Rechtecke durch die Verformung noch eine
Vielzahl von interessanten Beobachtungen bezüglich des Fließvorganges beim Einsenken gemacht werden, wie z. B. die Tiefe der
verfestigten Zone unter den Stempeln, das Fließverhalten des
Werkstoffes an den Kanten und den Seitenflächen des Stempels, die
Bewegung des Werkstoffes vom Druckkegel nach unten u. ä.

Eine derart ausführliche Erörterung des Fließvorganges soll jedoch nicht Inhalt der vorliegenden Forschungsaufgabe sein.

4.3 Einfluß der Ausführung der Stempelstirnfläche auf die erforderliche Druckkraft bei asymmetrischen Formen

Die Abmessungen der asymmetrischen Stempel (s.Abb. 6) sind bereits in Abschnitt 3.1.1 ausführlich beschrieben worden. Als Matrizenwerkstoff wurde in diesem Fall ausschließlich der Werkstoff
X 6 CrMo 4 mit einer Glühfestigkeit von 40 kp/mm^2 verwendet. Die
Abb. 31 und 32 zeigen die aufgenommenen Kraft-Weg-Diagramme.

Die Abb. 31 gilt für Zweifachrundstempel mit Steg; daraus ist zu
entnehmen, daß der Stempel mit den abgerundeten Zylinderflächen
und flachem Steg (gestrichelte Linie) gegenüber dem mit flachen
Zylinderflächen und flachem Steg (durchgezogene Linie) über den
gesamten Umformbereich eine deutlich verminderte Druckkraft zur
Verdrängung gleicher Werkstoffvolumina erfordert. Der Unterschied
liegt bei 100 t in den Bereichen großer Einsenktiefen.

Bei einer Fläche von 3412 mm^2 und einer maximalen Druckbelastbarkeit des Stempels aus X 165 CrMoV 12 von 280 kp/mm^2 ergibt sich für den Stempel mit ebener Stirnfläche eine maximale Belastbarkeit von 950 t; bei Erreichen dieses Wertes muß der Einsenkvorgang abgebrochen werden. In der gezeigten Darstellung wurde der Umformvorgang aus Sicherheitsgründen bereits bei einer Kraft von 900 t beendet. Es zeigt sich hierbei, daß bei dem abgerundeten Stempel durch die Steigerung der Druckkraft um 100 t das umgeformte Volumen bei 900 t ca. 40 000 mm^3 größer ist als bei einem ebenen Stempel. Diese Tatsache erhält wiederum dann größere Bedeutung, wenn als Matrizenwerkstoff ein Stahl höherer Glühfestigkeit, etwa X 32 CrMoV 3 3 mit 60 kp/mm^2, eingesetzt wird. Dabei lassen sich mit einer abgerundeten Form weitaus größere Einsenktiefen erzielen als bei Formen mit ebener Stirnfläche.

Im Gegensatz zu dem geschilderten Verlauf bei dem Zweifachrundstempel zeigt der Einfachrundstempel mit Steg einen ganz anderen Verlauf des Kraft-Weg-Diagrammes beim Einsenken (Abb. 32):

Der an dem Zylinder abgerundete Stempel (gestrichelte Linie) liegt nur bei Beginn der Umformung in seinem Kraftbedarf unterhalb dem des ebenen Stempels (durchgezogene Linie). Im weiteren Verlauf des Einsenkens stimmen beide Diagramme annähernd überein.

Der Punkt, an dem beide Kurven zusammenlaufen, liegt bei einem umgeformten Volumen von ca. 30 000 mm^3. Diese Stelle ist genau dann erreicht, wenn die Halbkugel des abgerundeten Stempels in die Matrize eingedrückt worden ist (Durchmesser 50 mm ⌀, Volumen der halben Kugel: $V = \frac{1}{2} \cdot \frac{4 \cdot r^3}{3} = 32\,708$ mm^3). Bei weiterer Umformung überwiegt die durch den ebenen Steg erzeugte Verfestigung den Einfluß der Abrundung am Zylinder. Das Verhältnis der abgerundeten zur ebenen Stempelfläche beträgt bei dieser Form 1965/1500 mm^2 = 1,31. Die in Abb. 31 beschriebene Stempelform des Zweifachrund mit Steg weist dagegen ein Verhältnis der abgerundeten zu den ebenen Stempelflächen von 2512/900 mm^2 = 2,8 auf. In letzterem Fall überwiegt also der Einfluß der abgerundeten Zylinderflächen den der Verfestigung durch den ebenen Steg.

4.4 Fließlinien und Verfestigung bei asymmetrischen Stempeln mit verschiedenen Stirnflächen

Wie in Abschnitt 4.3 bereits besprochen, setzt sich das Fließverhalten dieser Formen aus dem der abgerundeten und dem der ebenen Flächen zusammen. Dabei kann entweder die Verfestigung des ebenen Teiles oder das bessere Fließverhalten des abgerundeten Teiles für die Höhe der erforderlichen Druckkraft entscheidend sein.

Die Abb. 33 und 34 zeigen einen Querschnitt durch die beschriebenen Formen. Die Matrizen waren, wie in Abschnitt 4.2 bereits beschrieben, geteilt und vor dem Umformen an den Innenflächen gekennzeichnet worden; diese Kennzeichnung erfolgte in diesem Fall nicht elektrochemisch (Abb. 28 bis 30), sondern nach dem bisher üblichen, mittlerweile veralteten Gravierverfahren. Bei den ebenen Stempelstirnflächen ist deutlich der unter ihnen befindliche Druckkegel und der von dieser Stelle ausgehende Fließvorgang nach oben zu erkennen. Die abgerundeten Stempelstirnflächen zeigen keinen Druckkegel; der Werkstoff wird an den Kugelflächen vorbei nach oben gedrückt.

In Abb. 34 ist außerdem recht deutlich die durch den zur Mitte
gerichteten Werkstofffluß verursachte Sprengwirkung auf den Stempel im Übergang vom flachen Steg zur Zylinderhalbkugel zu erkennen. Bedingt durch diese für das Einsenken ungünstige Stempelausbildung ging der Stempel an dieser Stelle tatsächlich zu Bruch.

Unterhalb des Steges der Matrize ist in den gezeigten Bildern
keine Umformung zu erkennen. Diese Tatsache täuscht natürlich,
da durch das Trennen der Matrize in der Mitte die Hauptfließrichtung in diesem Teil der Form zu den Seiten hin - also nach vorn -
nicht im Bild erfaßt worden ist.

4.5 Abformgenauigkeit symmetrischer Stempel mit verschiedenen Stirnflächen in den Matrizen

Die Abformgenauigkeit der Stempel wurde, wie in Abschnitt 3.4 beschrieben, mit Hilfe eines Leitz-Strasmann-Meßstandes (Abb. 12) gemessen.

Die einzelnen Meßpunkte wurden vom Gravurboden aus zur Öffnung
hin gelegt; ihr Abstand betrug je nach Tiefe der auszumessenden
Form 1 bis 3 mm.

An den rechteckigen Stempeln sind sowohl die Abweichungen an den
langen Seitenflächen als auch die an den schmalen Seitenflächen
einzeln ausgewertet und aufgetragen worden. Da es sich in Abschnitt 4.1 gezeigt hat, daß man als Extrempunkte der Stempelgestaltung bei hohen Umformgraden die Form des ebenen und die des
stark abgerundeten Stempels betrachten kann, wurden für die Untersuchung der Abbildungsgenauigkeit ausschließlich diese beiden
Formen eingesetzt. Die Untersuchungen sollten bei verschiedenen
Einsenktiefen, nämlich $t/d = 0,2$, $0,5$ und $0,8$ durchgeführt werden; das bedeutet für die ebenen Stempel von 40 mm $\emptyset$ und 24 x 52 mm
(= ca. 1250 mm^2) eine Einsenktiefe von 8, 20 und 32 mm.

Da die Kugel der verwendeten Innenmeßeinrichtung einen Durchmesser von 7 mm besitzt, konnte der erste Meßpunkt - vom Gravurboden ausgehend - erst bei 3,5 mm angelegt werden. Bei einer Gesamttiefe von 8 mm bei dem Einsenkverhältnis $t/d = 0,2$ erreicht
man nach wenigen Messungen bereits das Gebiet des Werkstoffeinzuges, in dem naturgemäß keine Übereinstimmung zwischen den Maßen
des Stempels und der Matrize herrscht. Dieser Punkt wird nach
3 mm Meßstrecke - vom Gravurboden also nach 6,5 mm - erreicht;
über dieser Grenze weitet sich die Matrize gegenüber dem Stempel
nach oben stark auf. Aus diesem Grunde ist auf die Aufzeichnung
der Werte bei einem Einsenkverhältnis von $t/d = 0,2$ verzichtet
und im folgenden ausschließlich die bei $t/d = 0,5$ und $0,8$ gemessenen Werte dargestellt worden, soweit diese Einsenktiefen tatsächlich erreicht worden sind.

Bei den abgerundeten Formen wurde mit den Messungen erst am zylindrischen Schaft der Proben begonnen; in den folgenden Darstellungen ist also zu der angegebenen Meßstrecke stets noch die Höhe
des Kugelradius zu addieren. So ergeben sich dabei grundsätzlich
höhere Einsenktiefen als bei den ebenen Stempeln; daher wurde nicht
das Einsenkverhältnis t/d, sondern der Meßweg vom Gravurboden bzw.
Beginn der geraden Seitenflächen aus auf der Abszisse aufgetragen.

Aus Abb. 35 ist ersichtlich, daß zwischen den festgestellten Maßabweichungen von Stempel und Matrize nach Beendigung des Einsenkvorganges bei den einzelnen Werkstoffen mit 40, 50 und 60 kp/mm^2 Glühfestigkeit kein Unterschied besteht. Die zwischen den Kurven aufgetretenen Unterschiede liegen im Streubereich der Meßgenauigkeit. Der Grund für dieses Verhalten liegt in der Tatsache, daß sich der Elastizitätsmodul der verschiedenen Werkstoffe im vorliegenden Gefügeaufbau nicht wesentlich unterscheidet.

Es ergibt sich an runden Formen bei den Untersuchungen bis zu einer Einsenktiefe von t/d = 0,8, daß sich die Matrize nach dem Entfernen des Stempels in jedem Falle verkleinert. Der Wert für diese Verengung der Form liegt in der Nähe des Gravurbodens bei ca. 25 µm steigt dann bis zum oberen Drittel auf ca. 50 µm an und sinkt in der Nähe der Öffnung - außerhalb des Bereiches des Einzuges - wieder auf ca. 25 µm ab. Man erkennt deutlich eine "Birnenform" in der Abbildungsgenauigkeit des Stempels in der Matrize.

Die festgestellte Verkleinerung der Matrize nach Beendigung des Einsenkvorganges ist auf die elastische Dehnung des Halteringes zurückzuführen, die etwa 50 µm betragen kann. Bei dem Entfernen des Stempels drückt der Ring die Matrize zusätzlich zu deren elastischer Dehnung zusammen (19). Diese Tatsache wirkt beim Einsenken erschwerend auf den Arbeitsablauf des Verfahrens, da sich sowohl die Matrize aus dem Ring, als auch der Stempel aus der Matrize trotz umfangreicher Schmierung schwer entfernen lassen. Während man die Matrize mit Hilfe der Einsenkpresse aus dem Haltering herausdrücken kann, bereitet das Lösen des Stempels aus der Matrize besonders bei tiefen Gravuren oft Schwierigkeiten.

Die gezeigte Form bei den Maßabweichungen ist auf den Fließvorgang des Werkstoffes zurückzuführen: Wie in Abschnitt 4.2 bereits gezeigt, fließt das Material von unten nach oben, es steigt in der Form hoch. Dieser Vorgang erfolgt vom Gravurboden ausgehend um die Kanten der Form bei ebener Stirnfläche oder vorbei an den runden Flächen der Form bei kugeliger Stempelstirnfläche.

Die unterschiedlichen Werte für die Verfestigung beim Einsenken in Matrizen verschiedener Glühfestigkeiten wirken sich zwar stark auf die zum Umformen erforderlichen Druckkräfte - und damit auf die erreichbaren Einsenktiefen - aus, lassen jedoch keinen Einfluß auf die Abbildungsgenauigkeit des Stempels in der Matrize erkennen. Aus diesem Grunde sind in den folgenden Versuchsaufzeichnungen nicht die Ergebnisse aller Werkstoffe verschiedener Glühfestigkeiten aufgetragen, sondern ausschließlich die an den Matrizen aus X 6 CrMo 4 (40 kp/mm^2 Glühfestigkeit) gemessenen.

Abb. 36 zeigt die Maßabweichungen der <u>runden Stempel mit ebener und kugeliger Stirnfläche</u> in Matrizen mit einer Glühfestigkeit von 40 kp/mm^2 (Werkstoff X 6 CrMo 4): Obwohl der Stempel mit kugeliger Stirnfläche auf Grund des höheren verdrängten Matrizenvolumens größere Senktiefen ermöglicht, zeigt sich bei den Maßabweichungen kein Unterschied zum ebenen Stempel. Das gilt sowohl für Einsenktiefen von t/d = 0,8 als auch für t/d = 0,5 (bezogen auf den Stempel mit ebener Stirnfläche). Wie bei den Vorversuchen über den Einfluß der Glühfestigkeit (Abb. 35) ergibt sich eine negative, birnenförmige Maßabweichung von max. 75 µm bei hohen Einsenktiefen.

Die Abb. 37 enthält die Versuchsergebnisse für <u>rechteckige Stempel</u>: Da die Form der Kurven wie bei den bereits besprochenen runden Stempeln für alle 3 Matrizenwerkstoffe übereinstimmt, wird ausschließlich die Maßabweichung beim Einsenken in Matrizen aus

X 6 CrMo 4 (40 kp/mm² Glühfestigkeit) gezeigt.

Infolge des unterschiedlichen Fließvorganges an den langen (52 mm) und schmalen (24 mm) Seitenflächen des Rechteckes (Verhältnis also ca. 2:1) sind verschiedene Maßabweichungen von vornherein zu erwarten, zumal der Stempel an den schmalen Seitenflächen, wie Abb. 5 zeigt, nicht abgerundet ist.

Es ergibt sich auch in diesem Falle bei einem Einsenkverhältnis von t/d = 0,8 eine Form, die im Prinzip wiederum etwa "birnenförmig" aussieht, jedoch je nach Stempelstirnfläche und Meßfläche recht deutliche Unterschiede aufweist. Proben mit ebener Stirnfläche - obere Bildhälfte - ergeben nur an der schmalen Seitenfläche starke Maßunterschiede zwischen Stempel und Matrize: Sie erstrecken sich von einem positiven Bereich am Übergang vom Gravurboden zur Gravurwand - an dieser Stelle ist die Gravur also um ca. 70 µm gegenüber dem Stempel aufgeweitet - über einen stark negativen Bereich in der Mitte der Gravur - ca. 0,1 mm Verengung - bis zu einer Stelle kaum erfaßbarer negativer Abweichungen von ca. 15 µm an der Öffnung der Gravur (ausgezogene Linie).

Die Vermessung der langen Seitenflächen zeigt diese Tendenz in stark abgeschwächtem Maße (gestrichelte Linie): Von einer positiven Abweichung von ca. 50 µm in der Nähe des Gravurbodens fällt dieser Wert auf 0 in der Mitte ab und steigt zur Öffnung hin auf ca. 10 µm Aufweitung an.

Auch die im unteren Teilbild dargestellten Werte für den abgerundeten Stempel verdeutlichen den im Prinzip übereinstimmenden Verlauf der Kurven. An den schmalen Flächen fällt die positive Abweichung von 0,11 mm am Gravurgrund über den Wert 0 in der Mitte auf einen negativen Wert von ca. 50 µm und endet an der Öffnung der Form wiederum bei 0 (ausgezogene Linie). Dabei ist allerdings zu berücksichtigen, daß dieser an der Stirnfläche abgerundete Stempel an den schmalen Seitenflächen keine Rundung aufweist, sondern eine scharfe Kante; so konnte auch vom Gravurboden ausgehend eine größere Meßstrecke ausgewertet werden als an der langen Seitenfläche. Diese Fläche zeigt dann auch einen vollkommen im negativen liegenden Verlauf der Abweichungskurve mit Schwankungen von 10 bis 40 µm (gestrichelte Linie). Die beschriebenen Unterschiede bei den rechteckigen Stempeln mit ebener und abgerundeter Stirnfläche liegen am recht unterschiedlichen Verlauf des Fließvorganges an den einzelnen Seitenflächen, die zueinander im Verhältnis 2:1 stehen, und sind außerdem unter Berücksichtigung der Abrundung, die nur an der langen Seitenfläche in Erscheinung tritt und zu einem ungleichen Steigen des Werkstoffes innerhalb der Matrize führt, zu verstehen. Diese Tatsache ist an der unterschiedlichen Ausbildung des Einzuges an den langen und schmalen Stirnflächen deutlich zu erkennen. Außerdem steht durch die Nähe der Matrizenwandfläche an den schmalen Seitenflächen weniger Werkstoff zum Steigen zur Verfügung, der durch die Matrizenwand bei diesem Vorgang durch die vorliegenden Reibungsverhältnisse zusätzlich an der Umformung gehindert wird.

4.6 Abformgenauigkeit asymmetrischer Stempel mit verschiedenen Stirnflächen in den Matrizen

Im Gegensatz zu den runden Matrizen, die für runde und rechteckige Stempel verwendet und beim Einsenken in einen Haltering eingesetzt worden waren, erfolgte das Spannen der rechteckigen Matrizen der Abmessung 200 x 95 x 95 mm für die asymmetrischen Stempelformen in einem Rahmen mit Hilfe von Keilen. Aus diesem Grunde können in der Matrize recht unterschiedliche Spannungsverhältnisse auftreten, die sich zweifellos auf die Abformgenauigkeit des Stempels in der Matrize auswirken. So wurden die vorliegenden Formen des Zylinders sowohl zur breiten, als auch zur schmalen Seite der Matrize hin und in der Mitte des ebenen Steges vermessen. Betrachtet man zunächst den <u>Doppelrundstempel mit Steg</u> an der Meßstelle Zylinder, lange Matrizenseitenfläche (⊙━━⊙):

Es ergeben sich für den Stempel mit ebener Stirnfläche (ausgezogene Linien) Abweichungen von - 0,05 bis + 0,05 mm bei $t/d = 0,8$ und + 0,1 bis 0,15 bei $t/d = 0,5$ (Abb. 38). Bei abgerundeter Stirnfläche (gestrichelte Linie) - ebener Steg - liegt die Abweichung bei + 0,05 bis 0,1 mm für beide Einsenkverhältnisse.

Die Meßstelle Zylinder, schmale Matrizenseitenfläche (∘━━∘) zeigt folgendes Bild (Abb. 39): Bei dem ebenen Stempel (ausgezogene Linie) liegen ausschließlich positive Maßabweichungen vor, die allerdings am Gravurboden schon 0,3 mm bei einer Einsenktiefe von $t/d = 0,8$ betragen und dann auf 0 abfallen. Eine Senktiefe von $t/d = 0,5$ ergibt den gleichen Kurvenverlauf mit abgeschwächter Aufweitung am Gravurboden (0,15 mm).

Der Stempel mit kugeligen Rundflächen und ebenem Verbindungssteg (gestrichelte Linie) ergibt bei $t/d = 0,8$ bei der ersten Meßstelle eine positive Abweichung der Gravur an deren Übergang von der Kugel zur glatten Zylinderfläche von 0,65 mm, die zur Öffnung hin auf 0 abfällt. Die Einsenktiefe von $t/d = 0,5$ zeigt geringe negative Abweichungen von ca. 50 μm.

Die Messung der Seitenflächen am Steg (∘━┼━∘) (Abb. 40) in dessen Mitte ergibt für Einsenktiefen t/d von 0,5 und 0,8 jeweils ein positives Maximum dicht unterhalb der Gravuröffnung von ca. 0,4 mm für die Ausführung mit ebenen Stirnflächen (ausgezogene Linien). Bei der abgerundeten Stirnfläche der Zylinder (gestrichelte Linien) ist diese Tatsache in abgeschwächter Form wiederzufinden; die Aufweitung beträgt dabei max. 0,25 mm unter der Öffnung für beide Einsenkverhältnisse.

Abb. 41 stellt die Maßverhältnisse am <u>Einfachrundstempel mit Steg</u> dar. Für die Meßstelle Zylinder, lange Matrizenseitenfläche (⊙━━) ergibt sich: Bei ebener Stirnfläche (ausgezogene Linie) verläuft die Maßabweichung wie bei dem Doppelrundstempel mit Steg von -0,05 mm am Gravurboden bis + 0,05 an der Öffnung bei $t/d = 0,8$; auch bei $t/d = 0,5$ ergibt sich ein entsprechendes Bild: Die rein positive Abweichung geht am Gravurboden von +0,1 mm über +0,12 auf 0,05 mm an der Öffnung über.

Bei abgerundeten Stempeln (gestrichelte Linien) konnte eine auf das Einsenkverhältnis $t/d = 0,8$ bezogene Umformung nicht erreicht werden; die Tiefe würde für den ebenen Stempel 40 mm betragen zuzüglich 25 mm für den Stirnflächenradius. Da die Matrize eine Höhe von 95 mm aufweist, ist leicht einzusehen, daß eine Tiefe von 65 mm darin nicht erreichbar ist; außerdem ist eine derartige starke Umformung für die Praxis unsinnig.

So werden bei dem Einfachrundstempel mit Steg in den folgenden Versuchsergebnissen ausschließlich die Werte von $t/d = 0,5$ (max. Senktiefe 20 mm + 25 mm Stirnflächenradius = 45 mm) **aufgezeigt.**

Die Messung am Zylinder und der langen Matrizenseite ergibt wie bei der ebenen Stirnfläche ein Bild, das dem Doppelrund mit Steg entspricht (gestrichelte Linien): Eine positive Aufweitung von max. 50 μm in der Mitte der Gravur mit leicht abfallender Tendenz zur Öffnung und zum Boden hin.

An der Meßstelle Zylinder bzw. Steg und schmale Matrizenseite (⊢○⊣) ergibt sich für den ebenen Stempel (ausgezogene Linie) bei $t/d = 0,8$ eine von +0,3 am Gravurboden auf +0,07 mm an der Öffnung abfallende Erweiterung der Gravur; bei $t/d = 0,5$ ist diese Tendenz abgeschwächt: Die Vergrößerung verläuft von +0,2 mm am Boden zu 0,07 mm an der Öffnung hin (Abb. 42).

Bei dem am Zylinder abgerundeten Stempel (gestrichelte Linien) geht die positive Maßabweichung von 0,2 mm am Ende der Gravur bis zu 0,1 mm an der Öffnung.

Beide Kurven stimmen mit den an den Doppelrundstempeln gemessenen auch in diesem Falle gut überein.

Die in der Mitte des Steges gemessenen Abweichungen (○⊢) zeigen an den Einfachrundstempeln gegenüber den Doppelrundstempeln **einen unterschiedlichen Verlauf. Bei flacher Stirnfläche** (ausgezogene Linie) tritt bei $t/d = 0,8$ eine vom Gravurboden (0 mm) zur Öffnung hin ansteigende Aufweitung (ca. 0,1 mm) auf; bei $t/d = 0,5$ ist dagegen in der Mitte der Gravur ein ausgesprochenes positives Maximum von +0,35 mm zu erkennen, das am Boden und an der Öffnung auf ca. +0,1 mm abfällt (Abb. 43).

Bei abgerundeter Stirnfläche (gestrichelte Linien) entspricht bei $t/d = 0,5$ die Kurve der Maßabweichung der von $t/d = 0,8$ bei flacher Stempelstirn: Es ist eine geringe Aufweitung zu erkennen, die von 0 mm am Gravurboden bis 0,1 mm an der Öffnung ansteigt.

Bezüglich der Maßabweichung der verschiedenen Stempel in der eingesenkten Matrize kann zusammenfassend folgendes festgestellt werden: Bei der Einsenkung von runden Stempeln in runde Matrizen treten recht gleichmäßige Verhältnisse auf: Nach dem Entfernen des Stempels verengt sich die Gravur um ca. 0,08 mm in deren oberen Drittel; der Gesamtverlauf der Maßabweichung ist "birnenförmig" wobei die Ausbauchung - also das Maximum der Einschnürung - im oberen Drittel der Gravur zur Gravuröffnung hin liegt. Ein Unterschied zwischen Stempeln ebener und abgerundeter Stirnfläche sowie ein Einfluß der Glühfestigkeit der Matrize wurde nicht beobachtet.

Die rechteckigen Stempel, die ebenfalls in runde Matrizen eingesenkt worden sind, lassen für die beiden im Verhältnis 2:1 stehenden Seitenflächen einen unterschiedlichen Verlauf erkennen: Die schmale Seitenfläche weist einen von Aufweitung am Gravurgrund zur Verengung an der Öffnung gehenden Verlauf der Maßabweichung auf, die lange Seitenfläche eine abgeschwächte Kurve dieser starken von Plus nach Minus laufenden Unterschiede.

Die asymmetrischen Stempel, die im Gegensatz zu den bisher besprochenen Formen in rechteckige Matrizen eingesenkt worden sind, die wiederum in einen Halterahmen eingesetzt worden waren, zeigen an den einzelnen Meßpunkten recht unterschiedliche Maßabweichungen.

Bedingt durch die rechteckige Form von Matrize und Halterahmen können sehr verschiedene Spannungsverhältnisse beim Einsenken auf-

treten. Die Maßabweichungen sind fast immer positiv, d. h., daß
sich die Matrize aufweitet. Die stärkste Aufweitung tritt beim
Doppelrundstempel mit Steg in der Mitte des Steges mit + 0,4 mm
auf; die schwächste an den Zylinderflächen zur breiten Matrizenseite hin (max. 0,15 mm). Auch bei dem Einfachrundstempel erfährt
der Steg mit +0,35 mm die stärkste Vergrößerung der Form, während
auch hier der Zylinder an der Seite der breiten Matrizenfläche
mit max. +0,1 mm die geringste Aufweitung aufweist. Bei steigenden Einsenktiefen treten immer stärkere positive Maßabweichungen
auf, d. h., daß die Abformgenauigkeit so stark abnimmt, daß die
Toleranzen der Werkstücke nicht mehr eingehalten werden können.
Formen der gezeigten Maße sollten nach Möglichkeit nicht in Tiefen $t/d \leq 0,5$ eingesenkt werden; am günstigsten ist dabei die bezogene Einsenktiefe $t/d = 0,2$ (Flachgravur).

Besonderer Wert muß auf ein einwandfreies Einspannen der Matrizen
in die Haltevorrichtung gelegt werden. Am günstigsten liegen die
Verhältnisse bezüglich der zu erwartenden Maßabweichungen bei
Halteringen (für runde Matrizen); bei der Verwendung von rechteckigen Matrizen sollte der entsprechende Halterahmen so ausgelegt sein, daß - einschließlich der Verkeilung - beim Einsenken
keine plastischen Umformungen der Matrize zur Seite hin möglich
sind. Die in der Mitte des Steges, also am Punkt der größten
Durchbiegung der langen Seitenfläche der Matrize, gemessenen maximalen positiven Maßabweichungen sind auf das Ausweichen des Halterahmens an dieser Stelle zurückzuführen. Eine im Institut für
Werkzeugforschung durchgeführte Forschungsaufgabe (21) hat ergeben, daß sich die aufgezeigten Maßabweichungen, wie sie nach dem
Einsenken vorliegen, nach der Wärmebehandlung größtenteils ausgleichen. Nur bei sehr tiefen Einsenkungen können im Gravurboden
Verengungen auftreten, die für die Maßgenauigkeit der Werkstücke
von Bedeutung sind.

Zusammenfassung

Da sich alle zur Vorausberechnung des Einsenkdruckes bekannten
Berechnungsverfahren auf Stempel mit ebener Stirnfläche beziehen,
sollte sich die vorliegende Arbeit einmal mit dem Einfluß von abgerundeten Stempelstirnflächen auf den beim Einsenken erforderlichen Kraftbedarf, zum anderen mit der Abformgenauigkeit dieser
Formen in den Matrizen nach dem Einsenken beschäftigen.

Nun hängt die geometrische Form eines Einsenkstempels naturgemäß
von der herzustellenden Gravur ab, so daß die Entscheidung darüber,
ob die Stempelstirn eben oder abgerundet vorliegt, bereits durch
diese Maßvorschrift der Hohlform gefällt wird. Trotzdem ist es von
Interesse, zu wissen, mit welchen Druckverhältnissen gerechnet werden muß, wenn der Einsenkstempel eine mehr oder weniger abgerundete Stirnflächenform aufweisen sollte.

Im ersten Teil der Untersuchungen sind von symmetrischen (Kreis,
Rechteck) und asymmetrischen (Zweifachrund mit Steg, Einfachrund
mit Steg) Stempeln die Kraft-Weg-Diagramme für ebene und verschieden stark abgerundete Stempelstirnformen bei Verwendung von Matrizen unterschiedlicher Glühfestigkeitswerte aufgezeichnet worden.
Dabei hat sich folgendes ergeben:

Bei runden und rechteckigen Stempeln gleicher Grundfläche zeigen
Stempel mit ebener Stirnfläche bei einem Vergleich der Druckkräf-

te, die zur Umformung gleicher Werkstoffvolumina erforderlich
sind, gegenüber Stempeln mit stark abgerundeter Stempelstirn einen
erheblich höheren Kraftbedarf. Je nach Tiefe der Einsenkung
- also bei wachsendem verdrängten Volumen - liegt die Kraft bei
stark abgerundeten Stempeln bis 50 t niedriger als bei flachen.
Bei der Einsenkung in Matrizen mit verschiedener Glühfestigkeit
ergibt sich nun, daß infolge der starken Verfestigung des Werkstoffes
bei steigender Glühfestigkeit stark wachsende Druckkräfte
auftreten. Unter Berücksichtigung der maximalen Druckbelastbarkeit
eines aus Schnellarbeitsstahl gefertigten Einsenkstempels
von 320 kp/mm^2 muß der Einsenkvorgang also immer dann abgebrochen
werden, wenn dieser Grenzwert erreicht ist. Bei runden Stempeln
wird diese Grenze bei Verwendung von Matrizen mit 40 bzw. 50kp/mm^2
Glühfestigkeit (X 6 CrMo 4, St 37) selbst bei einem Einsenkverhältnis
von t/d = 1,0 (= 50.000 mm^3 verdrängtes Werkstoffvolumen)
für ebene und abgerundete Stempel nicht erreicht. Eine Matrize
von 60 kp/mm^2 (X 32 CrMoV 3 3) läßt dagegen nur Umformungen von
34.000 mm^3 bei einem ebenen, von 36.000 mm^3 bei einem schwachrunden
und 42.000 mm^3 bei einem stark abgerundeten Stempel zu.

Stempel mit rechteckiger Fläche benötigen bei den in den durchgeführten
Versuchen vorliegenden Verhältnissen entgegen der theoretischen
Berechnung über d = 1,13 $\cdot \sqrt{F}$ höhere Druckkräfte als ein
flächengleicher Rundstempel. Auch hierbei hat sich gezeigt, daß
sich besonders bei Matrizen höherer Glühfestigkeit mit Stempeln
abgerundeter Stirnfläche erheblich größere Einsenktiefen erreichen
lassen als bei ebenen Stempeln.

Während der Stempel mit Kreissegment-Stirnfläche bei hohen Einsenktiefen
die erwartete Mittellage im benötigten Einsenkdruck
zwischen dem ebenen und stark abgerundeten Stempel einnimmt, erfordert
diese Stirnflächengeometrie zu Beginn der Umformung überraschenderweise
die höchsten Umformkräfte.

Untersuchungen des Fließverhaltens am Werkstoff haben ergeben,
daß sich bei dem Kreissegment-Stempel zunächst an der Wirkfläche
Stempel/Matrize eine starke Verfestigung des Materials einstellt
und erst danach ein Aufsteigen des Werkstoffes in der Matrize
auftritt. Der Punkt des Überganges in die Zwischenlage ist infolge
des Verfestigungsverhaltens des Werkstoffes abhängig von der
Glühfestigkeit der Matrize: Bei niederen Glühfestigkeitswerten
verschiebt sich der Punkt des Erreichens der Zwischenlage zu höheren
Umformgraden.

Bei asymmetrischen Stempeln hat sich ergeben, daß sich eine Kraftersparnis
bei abgerundeter Stempelstirn nur dann erreichen läßt,
wenn diese Flächen den Einfluß der durch die ebenen Flächen hervorgerufenen
Verfestigung überwiegen. Ein Verhältnis der abgerundeten
zu ebenen Stempelstirnflächen von 2,8 bringt im Gegensatz
zu dem Verhältnis von 1,31 eine deutliche Verminderung der zum
Verdrängen gleicher Werkstoffvolumina erforderlichen Druckkräfte
mit sich.

Die festgestellten Maßabweichungen von Stempel zu umgeformter Matrize
sind unabhängig von der Glühfestigkeit des Matrizenwerkstoffes.

Sie zeigen bei runden Stempeln einen negativen Verlauf, d. h.,
daß sich diese Formen - sowohl mit ebener als auch mit abgerundeter
Stirnfläche - nach dem Entfernen des Stempels geringfügig
verengen.

Bei rechteckigen Stempeln, bei denen das Verhältnis der breiten zur schmalen Seite 2:1 beträgt, sind die Maßabweichungen an diesen verschiedenen Seiten unterschiedlich; sie erstrecken sich von einer Aufweitung am Gravurboden hin zu einer Verengung an der Öffnung. Abgerundete Stempel weisen im Vergleich zu den ebenen Stempeln geringere Differenzen auf.

Im Gegensatz zu diesen symmetrischen Formen, die in runde Matrizen mit entsprechendem Haltering eingesenkt wurden, sind die verwendeten asymmetrischen Formen in rechteckige Matrizen, die in einem Rahmen eingespannt worden sind, eingearbeitet worden.

Dabei zeigen sich besonders bei großen Einsenktiefen starke positive Maßabweichungen zwischen Stempel und Matrize (Aufweitungen), die sehr stark in der Mitte des Steges an den langen Seiten des Halterahmens auftreten. Die mit Keilen bewirkte Verspannung rechteckiger Matrizen in einem Rahmen hat bei hohen Druckkräften, wie sie bei großen Einsenktiefen auftreten, steigende Maßabweichungen in der Matrize zur Folge.

Für Hohlformen höchster Genauigkeit empfiehlt sich daher die Verwendung runder, in einem Haltering eingespannter Matrizen.

Ganz allgemein kann festgestellt werden, daß eine Voraussage über die beim Einsenken einer bestimmten Form zu erwartenden Maßabweichungen zwischen Stempel und Matrize nur sehr vorbehaltsbehaftet gemacht werden kann, da neben dem Einfluß der Geometrie der Form die Einsenkbedingungen (Halterahmen, Verspannung, Schmierung, Einsenkflächenverhältnis u.ä.) zu berücksichtigen sind.

Literaturverzeichnis

(1) Hinze, G., Gravurherstellung durch Kalteinsenken
     Fertigungstechnik und Betrieb 19 (1969) H. 1, S. 30-33,

(2) Diergarten, H., Die Anwendung des Kalteinsenkverfahrens zur Herstellung von Werkzeugen
     Das Industrieblatt 63 (1963), H. 2, S. 99-105,

(3) Berndt, C., Das Kalteinsenken dreidimensionaler Formen
     technica 1968, H. 15, S. 1363-1366,

(4) Schimz, K., Das Kalteinsenken von Werkzeugen
     Werkstatt und Betrieb 87 (1954), H. 6, S. 295-303,

(5) Möckel, L., Wirtschaftliche Gesenkherstellung durch Kalteinsenken
     Fertigungstechnik und Betrieb 12 (1962), H. 12, S. 815-821,

(6) VDI-Arbeitsblatt Nr. 3170, Kalteinsenken von Werkzeugen
     VDI-Verlag, Düsseldorf

(7) Houdremont, E., Handbuch der Sonderstahlkunde, Verlag Stahleisen,
     Düsseldorf,

(8) Brandenberger, E., Allgemeine Metallkunde, Ernst Reinhard Verlag,
     München Basel,

(9) Grosch, J., Verfestigungsverhalten und Werkstoffkennwerte von Blechen aus unberuhigten Stählen
     Werkstattstechnik 61 (1971), H. 6, S. 352-358,

(10) VDI-Arbeitsblatt Nr. 3200, A 10, Fließkurven von Stahl Ck 10, VDI-Verlag, Düsseldorf,

(11) VDI-Arbeitsblatt Nr. 3200, B 8, Fließkurven von Stahl 56 NiCrMoV 7,
     VDI-Verlag, Düsseldorf,

(12) Folke, G., Stahltechnologische Fragen beim Kalteinsenken von Preßwerkzeugen für Kunststoffe
     Kunststoffe, Bd. 44 (1954), H. 9, S. 388-395,

(13) Füssl, A., Einsenkbare Werkzeugstähle
     Zeitschrift f. wirtschaftliche Fertigung 60 (1965), H. 12, S. 631-634

(14) Kramer, R., Vorteile und Grenzen des Kalteinsenkens,
     Schriftenreihe der Hochschule für Maschinenbau, Karl-Marx-Stadt,
     Kolloquium "Werkzeuge für die Plastverarbeitung", März 1962,

(15) Schrader, A. und Rose, A., De ferri metallographia II,
     Verlag Stahleisen, Düsseldorf,

(16) Hoischen, H., Das Kalteinsenken von Gravuren für Schmiedegesenke,
     Industrie-Anzeiger 89 (1967), Nr. 56, S. 13-19

(17) Bungardt, K. und Mülders, O., Beitrag zur prüftechnischen Kennzeichnung der Kalteinsenkbarkeit von Werkzeugstählen
     Archiv für das Eisenhüttenwesen 28 (1957), H. 7, S. 383-395

(18) VDI-Arbeitsblätter Nr. 3200, Fließkurven metallischer Werkstoffe, VDI-Verlag, Düsseldorf,

(19) Hinze, G., Ermittlung von Dehnungen und Spannungen am Einsenkring, Fertigungstechnik und Betrieb 19 (1969), H. 7, S. 410-414,

(20) Hinze, G., Formänderungen beim Kalteinsenken mit Haltering, Wissenschaftliche Zeitung der T.H. Otto von Goericke, Magdeburg, 12 (1968), H. 5/6, S. 529-541,

(21) Barz, E. und Dingel, W., Einfluß der Wärmebehandlung auf Hohlformen, Maschinenmarkt 76 (1970), Nr. 95, S. 2177-2181, Nr. 104, S. 2376-2381.

Abbildungen

Abb. 1: Einsenkpresse

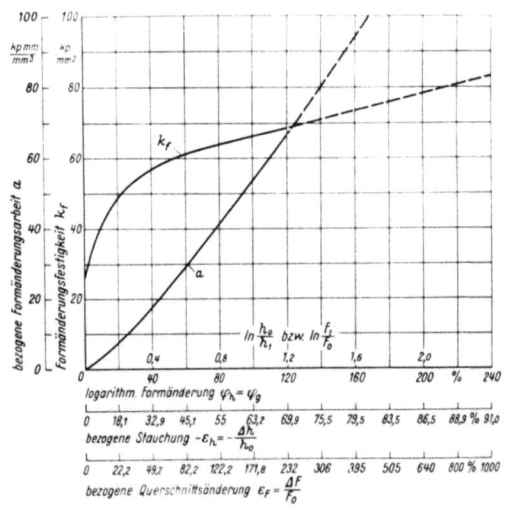

Abb. 2: Fließkurve von Werkstoff Ck 10 (10)

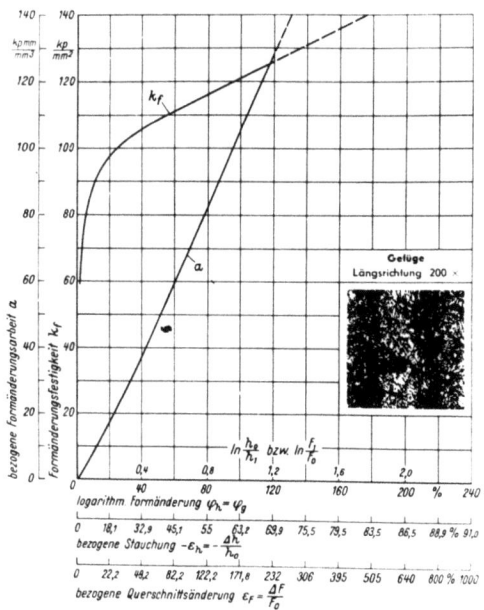

Abb. 3: Fließkurve von Werkstoff 56 NiCrMoV 7 (11)

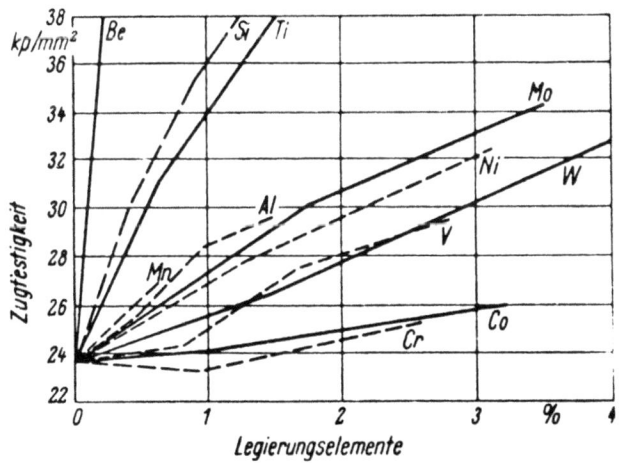

Abb. 4: Abhängigkeit der Glühfestigkeit des Ferrits von den gelösten Legierungselementen •(13)

Abb. 5: Symmetrische Einsenkstempel

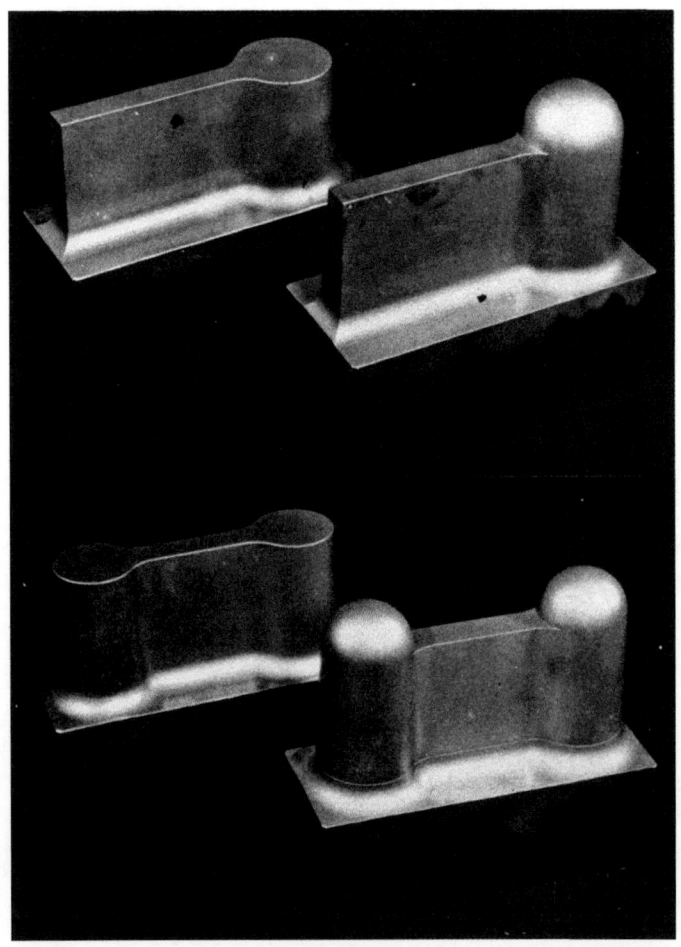

Abb. 6: Asymmetrische Einsenkstempel

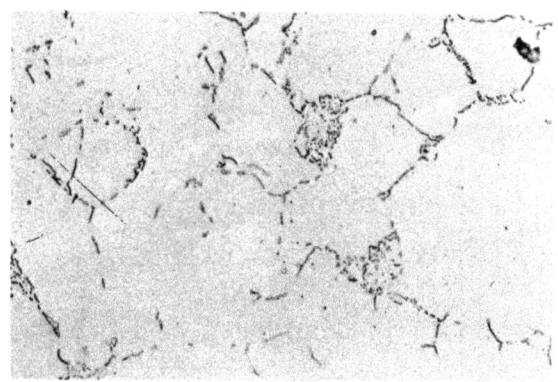

Abb. 7: Gefügeausbildung des Vormaterials, Werkstoff X 6 CrMo 4

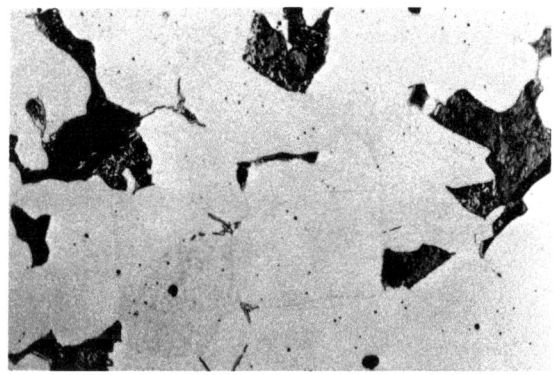

Abb. 8: Gefügeausbildung des Vormaterials, Werkstoff St 37

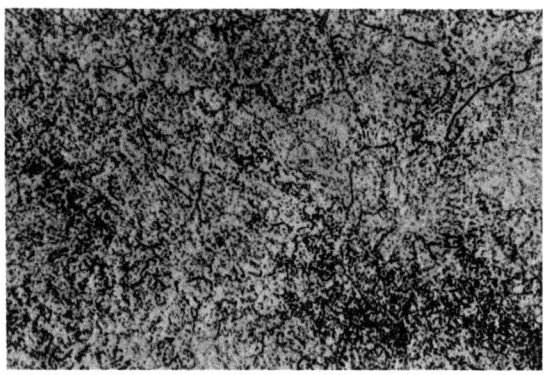

Abb. 9: Gefügeausbildung des Vormaterials,
Werkstoff X 32 CrMoV 3 3, V = 500 : 1

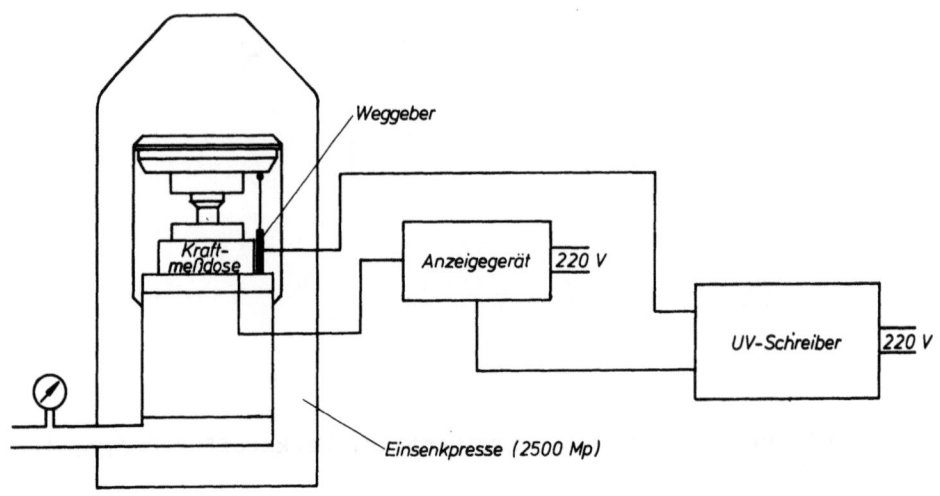

Abb. 10: Blockschaltbild des Meßaufbaues

Abb. 11: Versuchseinsenkungen mit und ohne Halterahmen

Abb. 12: Leitz-Strasmann-Meßstand

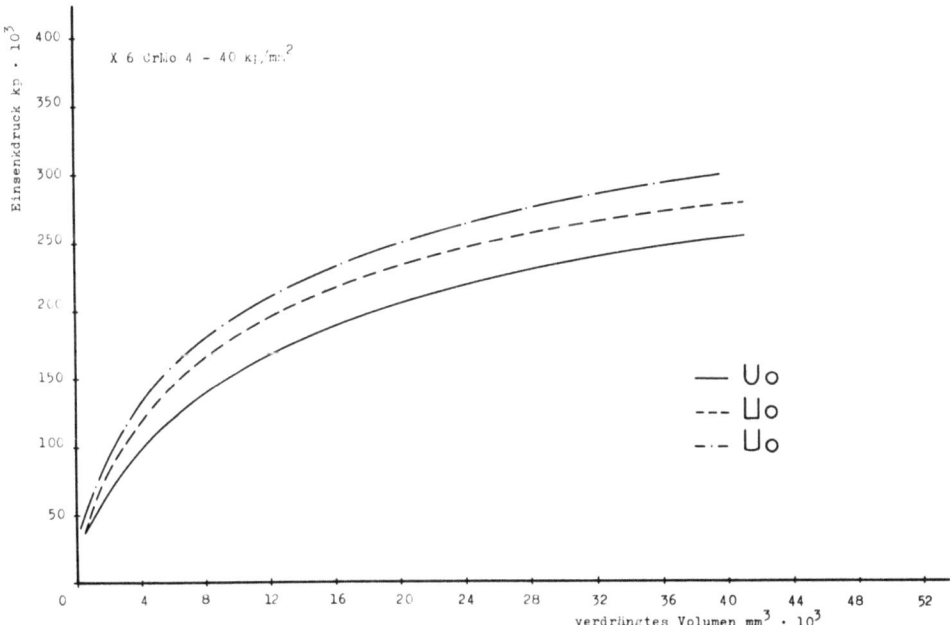

Abb. 13: Abhängigkeit der Druckkraft vom verdrängten Matrizenvolumen bei runden Stempeln verschiedener Stirnflächenformen (X 6 CrMo 4)

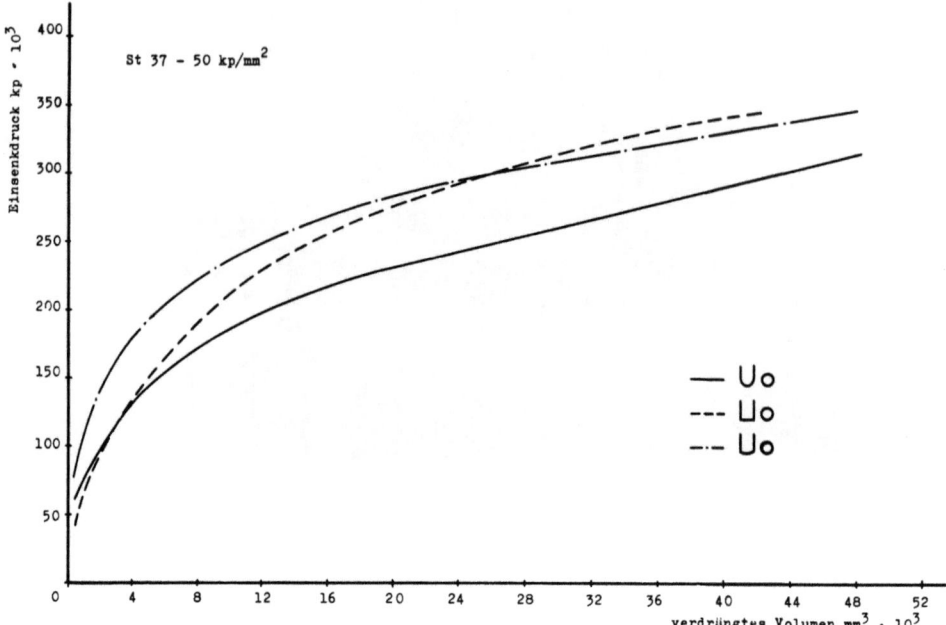

Abb. 14: Abhängigkeit der Druckkraft vom verdrängten Matrizenvolumen bei runden Stempeln verschiedener Stirnflächenformen (St 37)

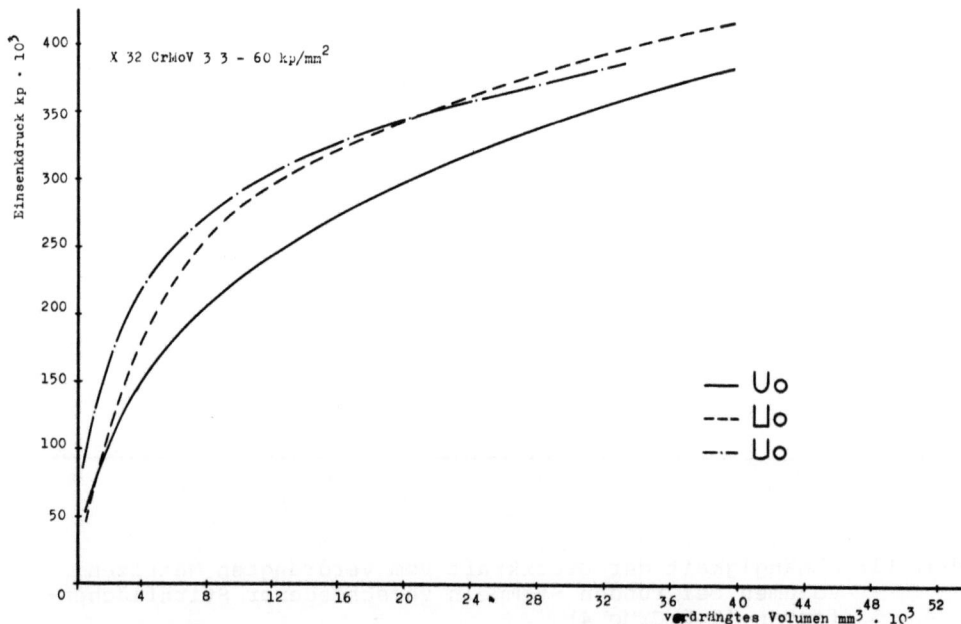

Abb. 15: Abhängigkeit der Druckkraft vom verdrängten Matrizenvolumen bei runden Stempeln verschiedener Stirnflächenformen (X 32 CrMoV 3 3)

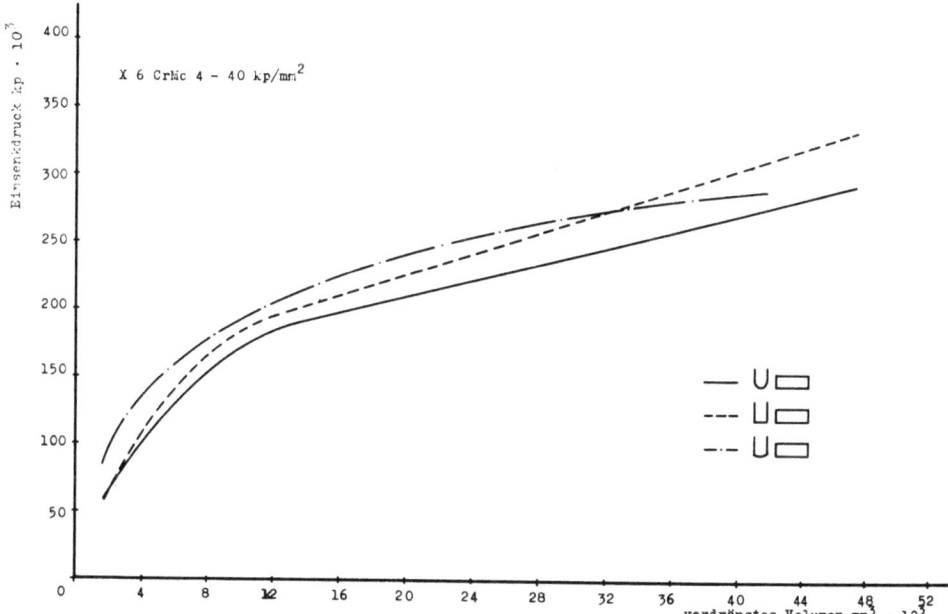

Abb. 16: Abhängigkeit der Druckkraft vom verdrängten Matrizenvolumen bei rechteckigen Stempeln verschiedener Stirnflächenformen (X 6 CrMo 4)

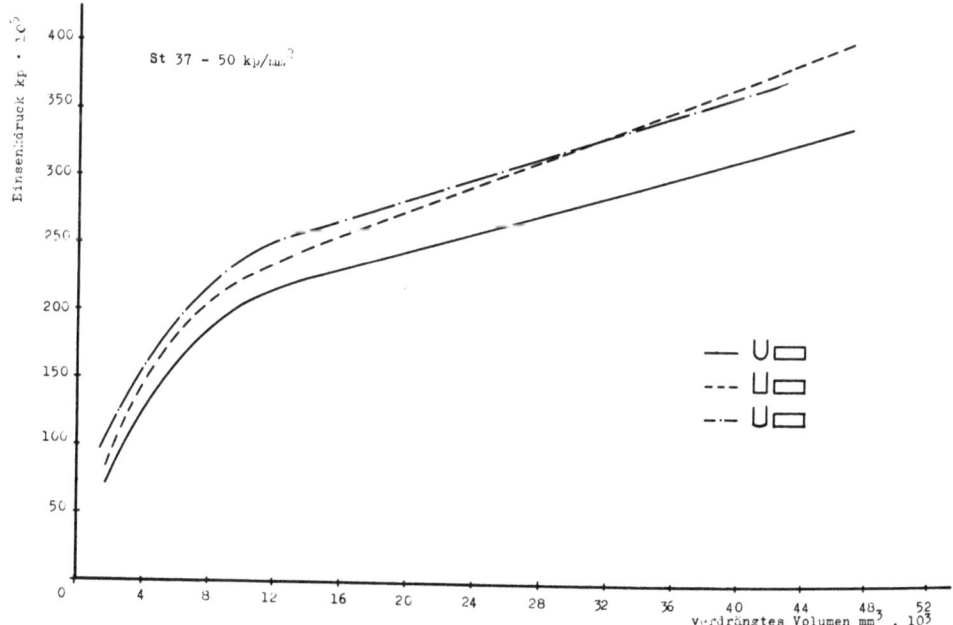

Abb. 17: Abhängigkeit der Druckkraft vom verdrängten Matrizenvolumen bei rechteckigen Stempeln verschiedener Stirnflächenformen (St 37)

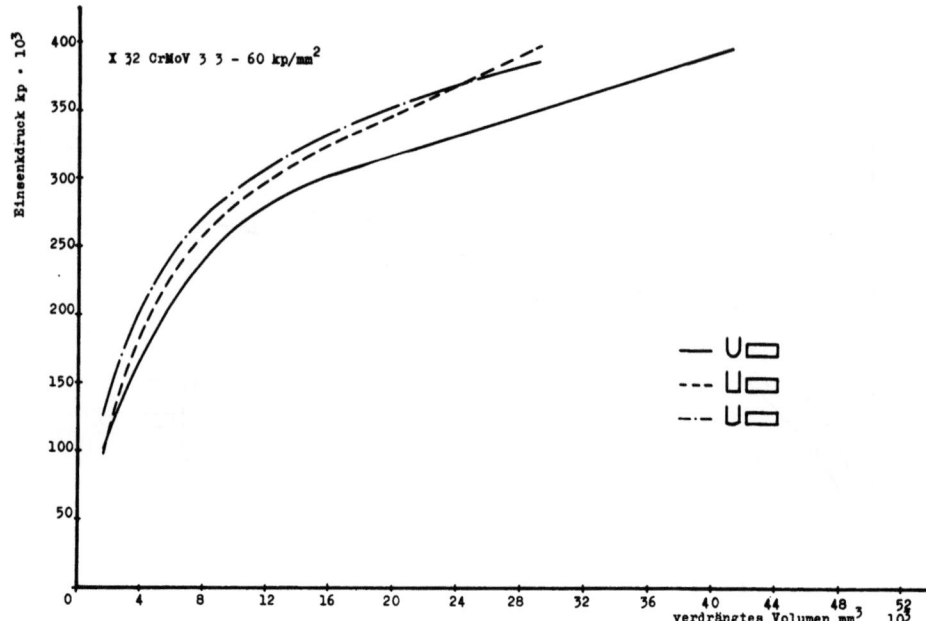

Abb. 18: Abhängigkeit der Druckkraft vom verdrängten Matrizenvolumen bei rechteckigen Stempeln verschiedener Stirnflächenformen (X 32 CrMoV 3 3)

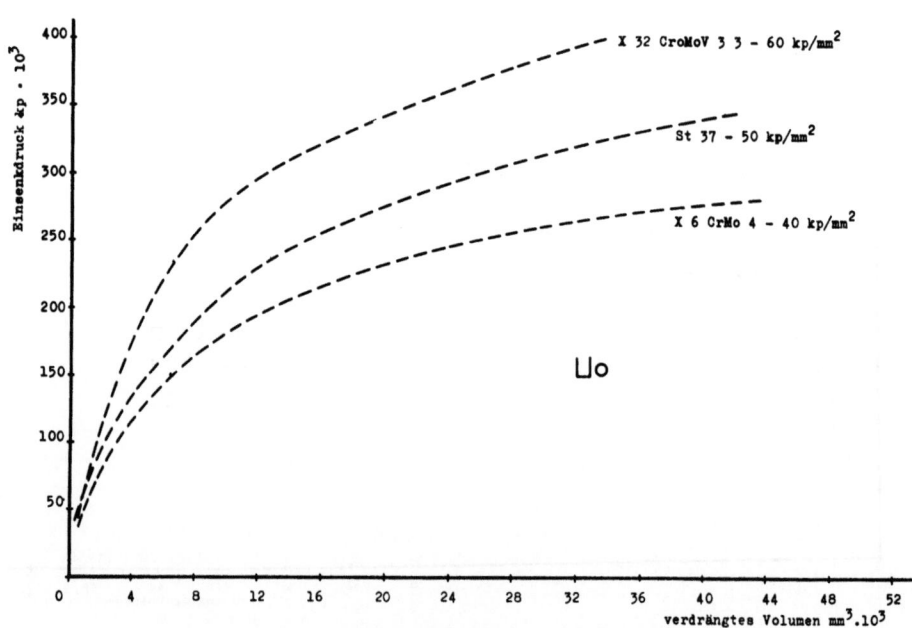

Abb. 19: Abhängigkeit der Druckkraft vom verdrängten Matrizenvolumen bei runden Stempeln ebener Stirnfläche und verschiedenen Werkstoffen

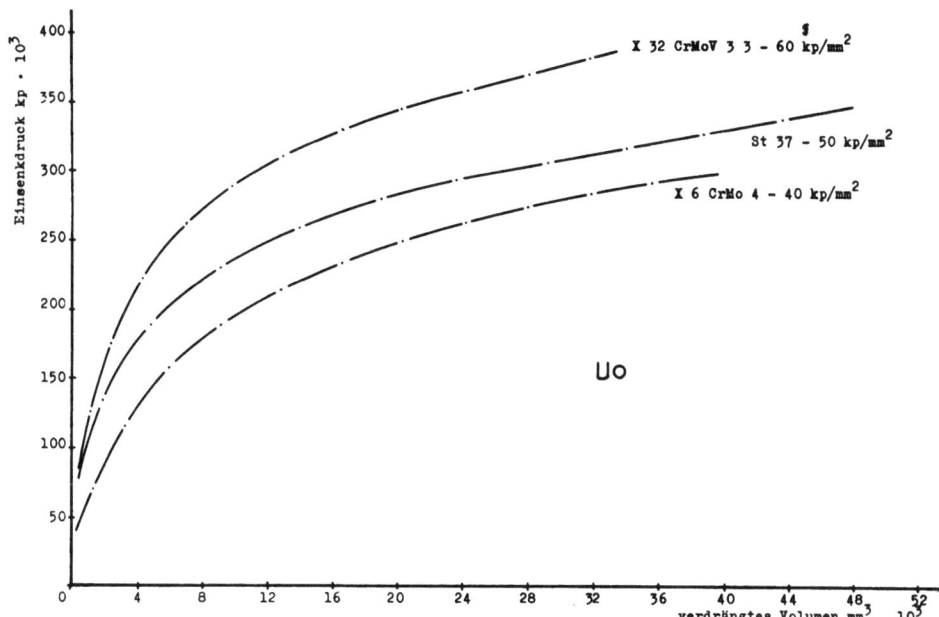

Abb. 20: Abhängigkeit der Druckkraft vom verdrängten Matrizenvolumen bei runden Stempeln schwach abgerundeter Stirnfläche und verschiedenen Werkstoffen

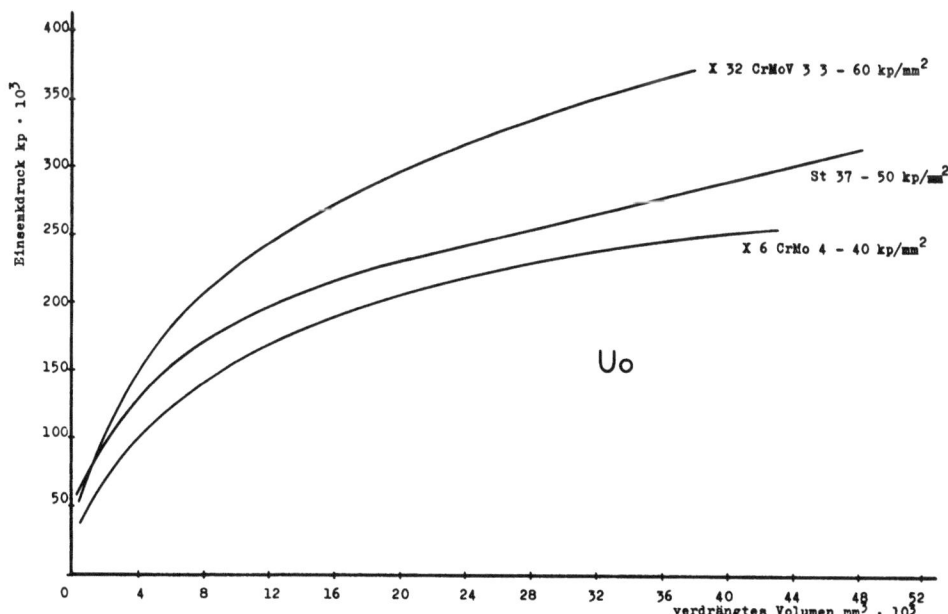

Abb. 21: Abhängigkeit der Druckkraft vom verdrängten Matrizenvolumen bei runden Stempeln stark abgerundeter Stirnfläche und verschiedenen Werkstoffen

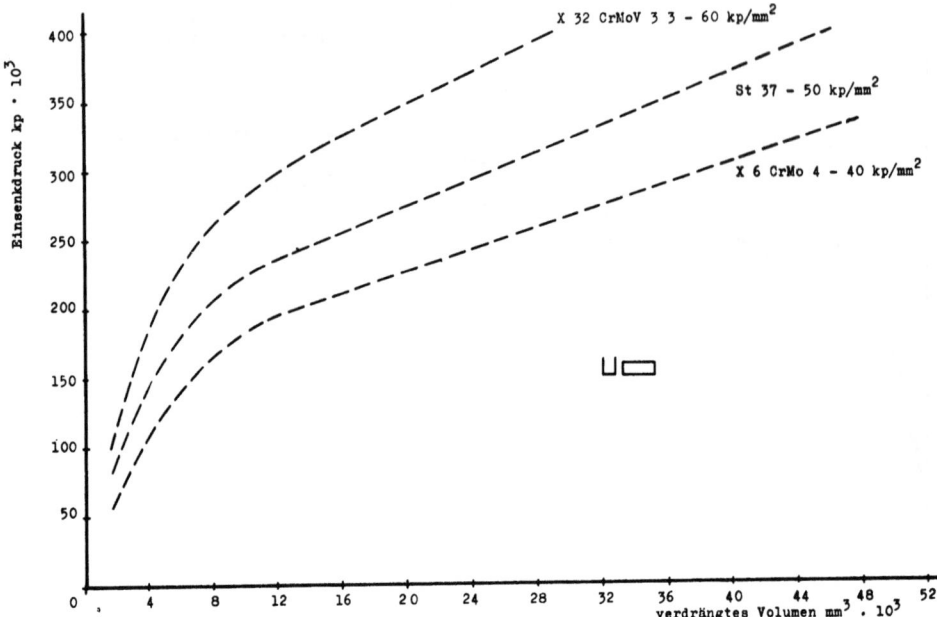

Abb. 22: Abhängigkeit der Druckkraft vom verdrängten Matrizenvolumen bei rechteckigen Stempeln ebener Stirnfläche und verschiedenen Werkstoffen

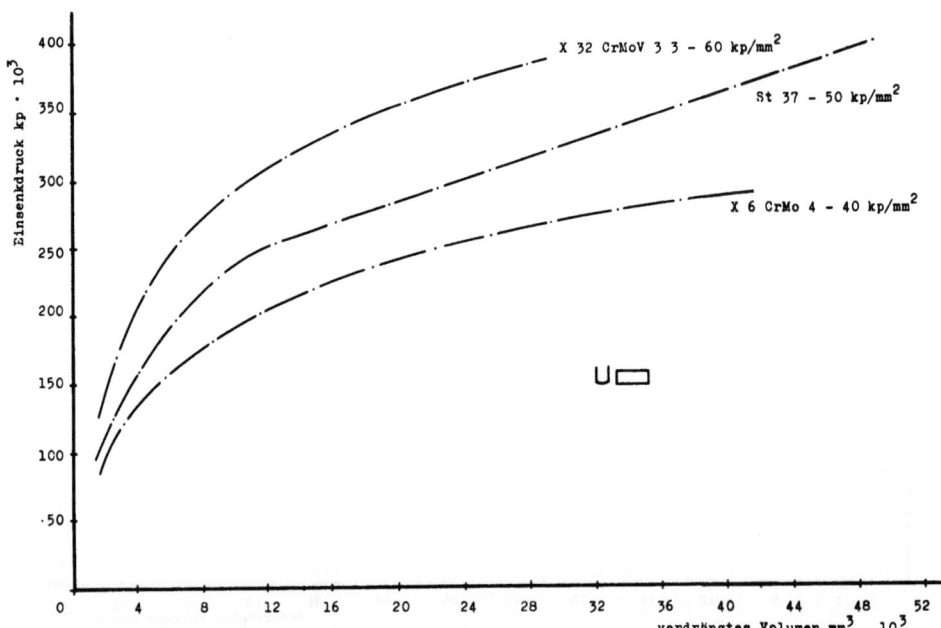

Abb. 23: Abhängigkeit der Druckkraft vom verdrängten Matrizenvolumen bei rechteckigen Stempeln schwach abgerundeter Stirnfläche und verschiedenen Werkstoffen

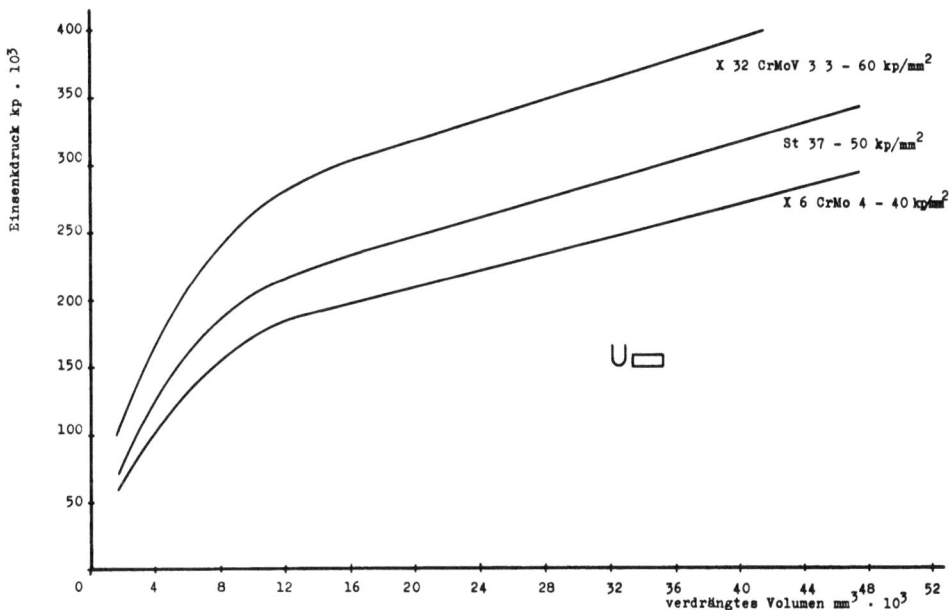

Abb. 24: Abhängigkeit der Druckkraft vom verdrängten Matrizenvolumen bei rechteckigen Stempeln stark abgerundeter Stirnfläche und verschiedenen Werkstoffen

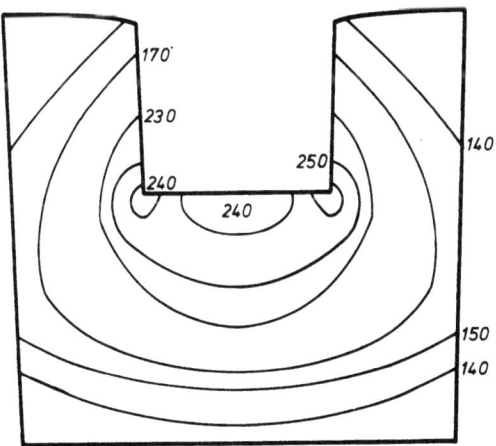

Abb. 25: Isoduren in Matrizen aus St 37 bei Stempeln ebener Stirnfläche (HB 10/1)

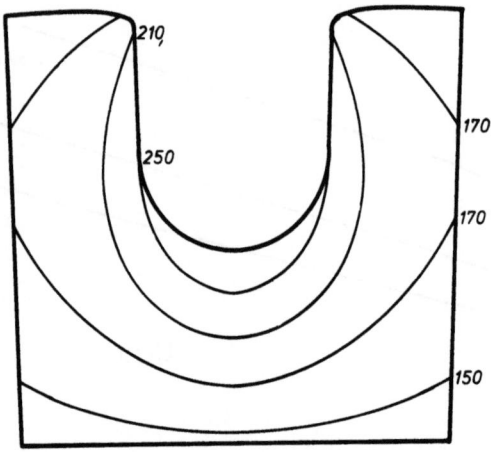

Abb. 26: Isoduren in Matrizen aus St 37 bei Stempeln stark abgerundeter Stirnfläche (HB 10/1)

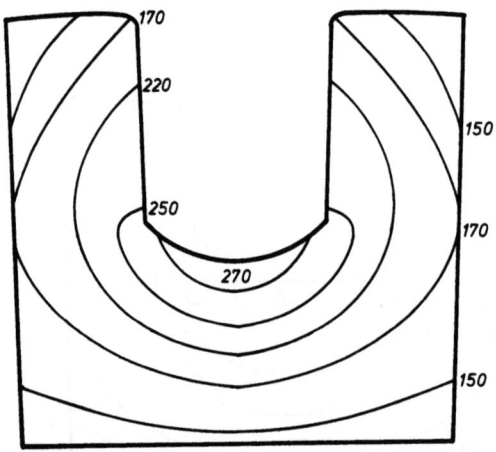

Abb. 27: Isoduren in Matrizen aus St 37 bei Stempeln schwach abgerundeter Stirnfläche (HB 10/1)

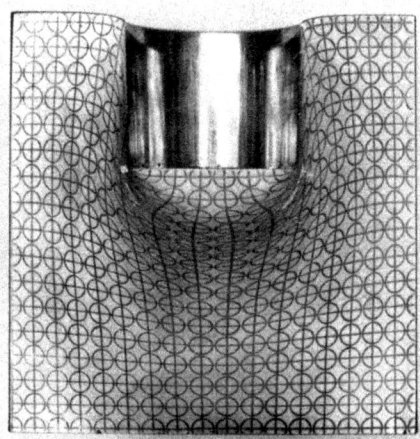

Abb. 28: Fließverhalten des Matrizenwerkstoffes bei Stempeln mit ebener Stirnfläche

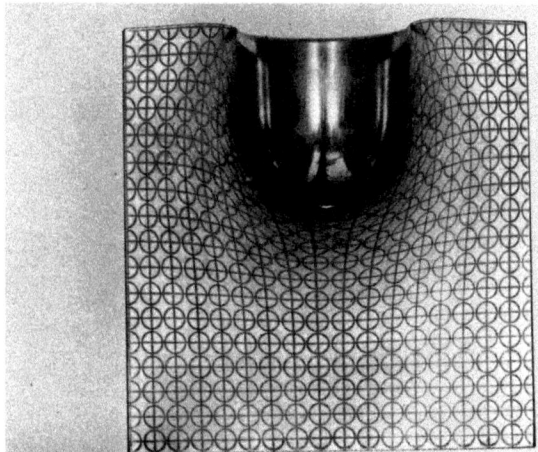

Abb. 29: Fließverhalten des Matrizenwerkstoffes bei Stempeln mit stark abgerundeter Stirnfläche

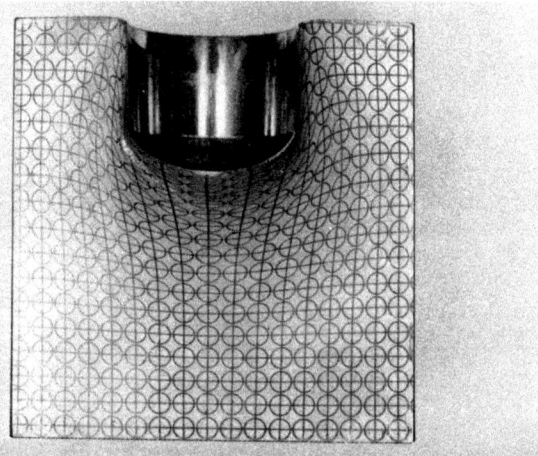

Abb. 30: Fließverhalten des Matrizenwerkstoffes bei Stempeln mit schwach abgerundeter Stirnfläche

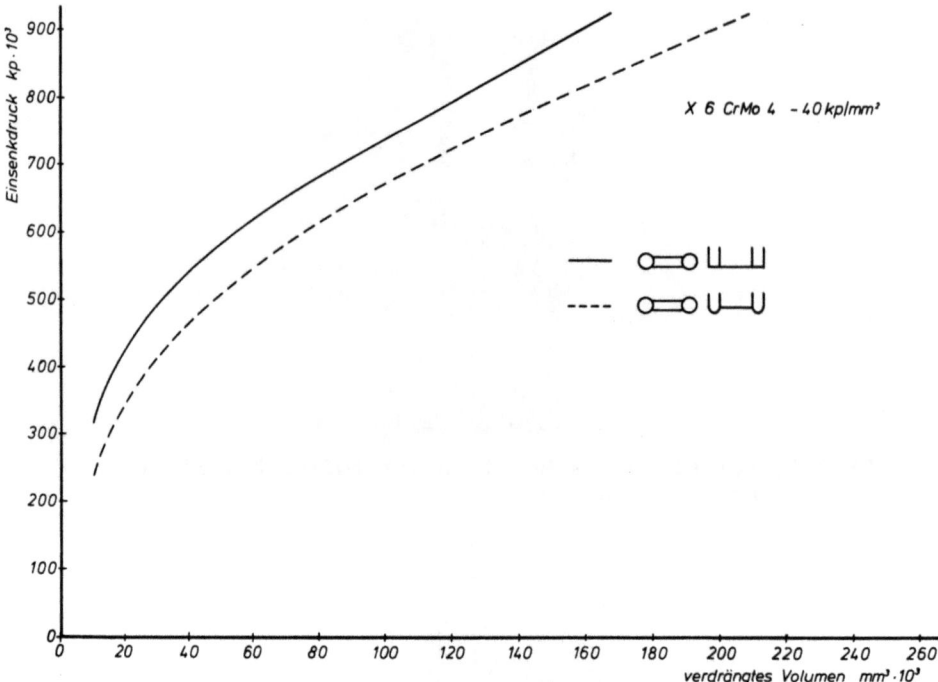

Abb. 31: Abhängigkeit der Druckkraft vom verdrängten Matrizenvolumen bei Zweifachrundstempeln mit Steg verschiedener Stirnflächenformen

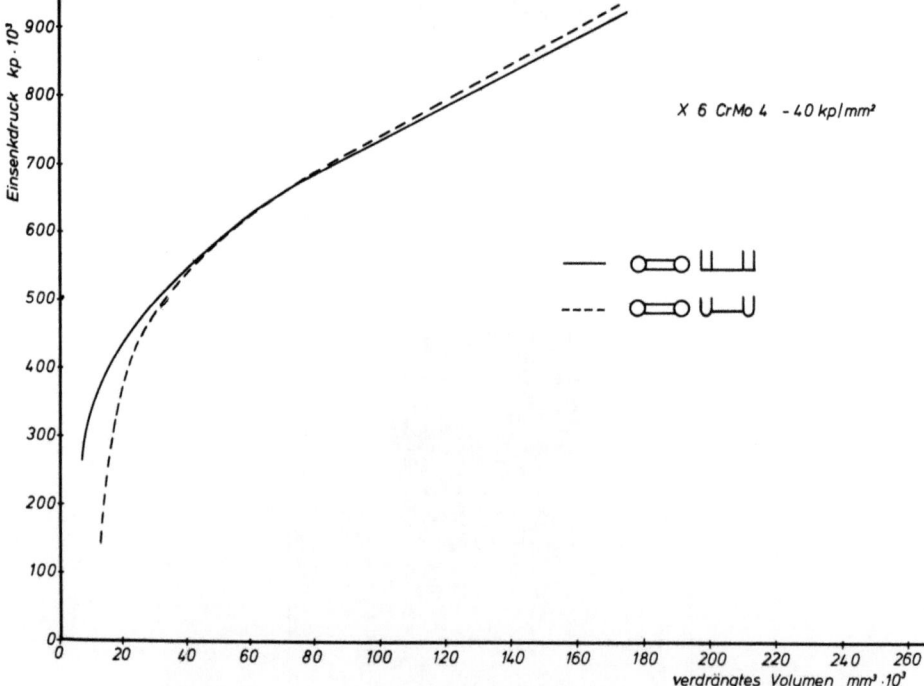

Abb. 32: Abhängigkeit der Druckkraft vom verdrängten Matrizenvolumen bei Einfachrundstempeln mit Steg verschiedener Stirnflächenformen

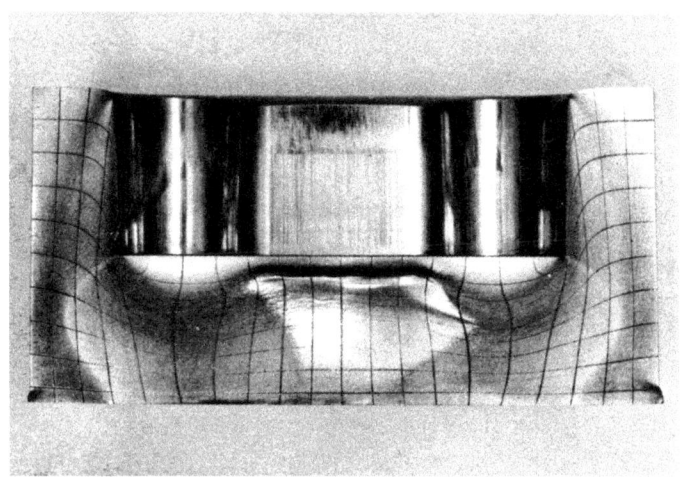

Abb. 33: Fließverhalten von Matrizen aus St 37 bei Zweifachrundstempeln mit Steg und ebener Stirnfläche

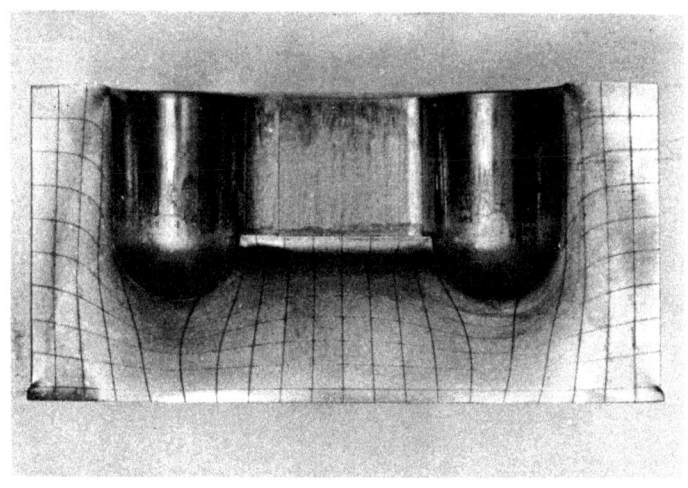

Abb. 34: Fließverhalten von Matrizen aus St 37 bei Zweifachrundstempeln mit Steg und abgerundeter Stirnfläche

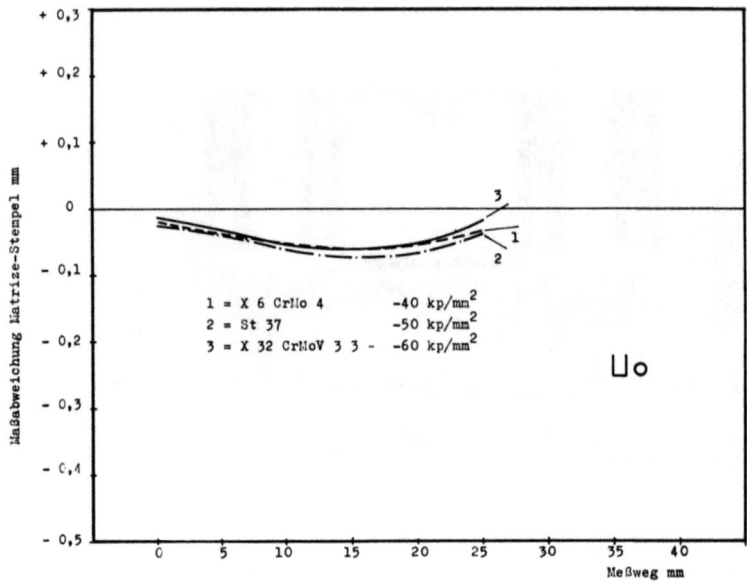

Abb. 35: Maßabweichung zwischen Stempel und Matrize bei runden Stempeln ebener Stirnfläche bei verschiedenen Matrizenwerkstoffen

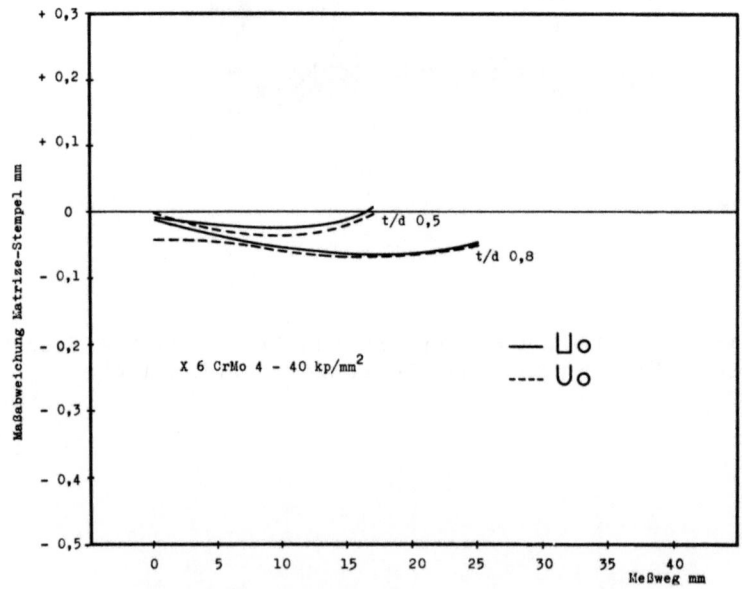

Abb. 36: Maßabweichung zwischen Stempel und Matrize bei runden Stempeln verschiedener Stirnflächenformen

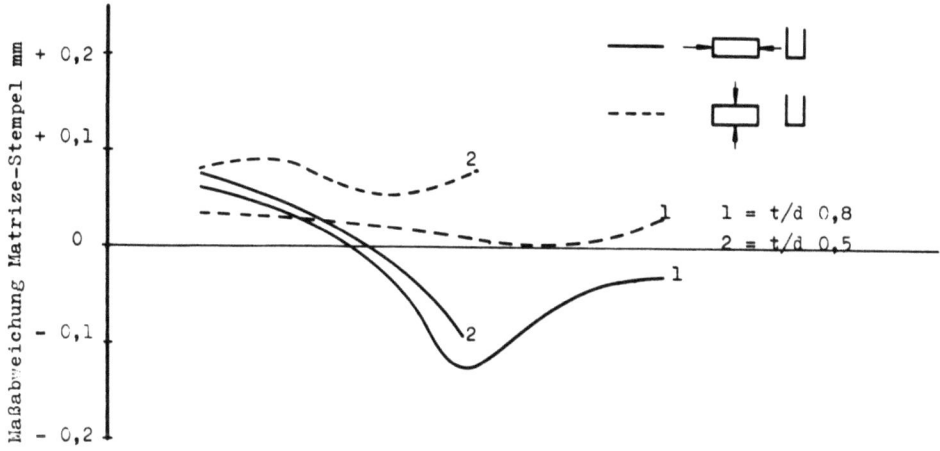
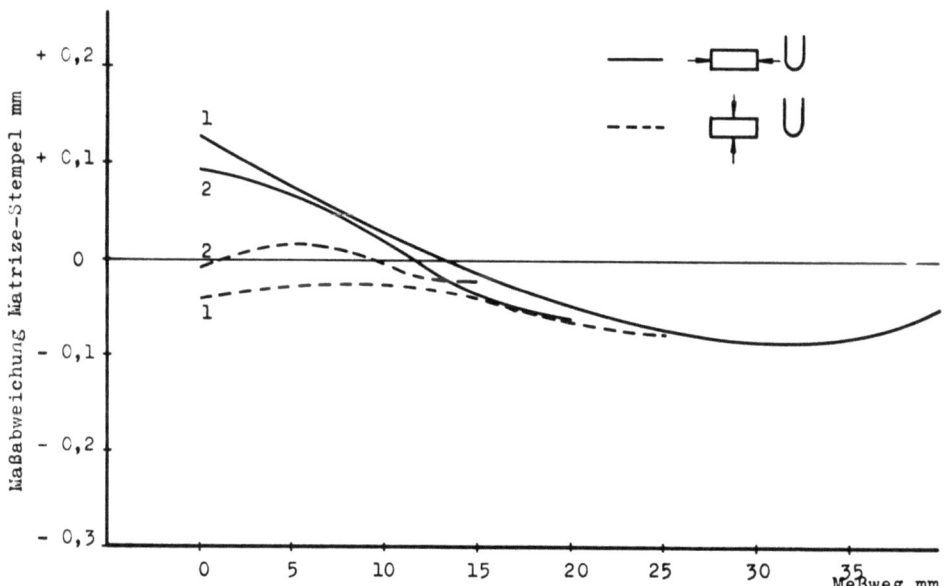

Abb. 37: Maßabweichung zwischen Stempel und Matrize bei rechteckigen Stempeln verschiedener Stirnflächenformen

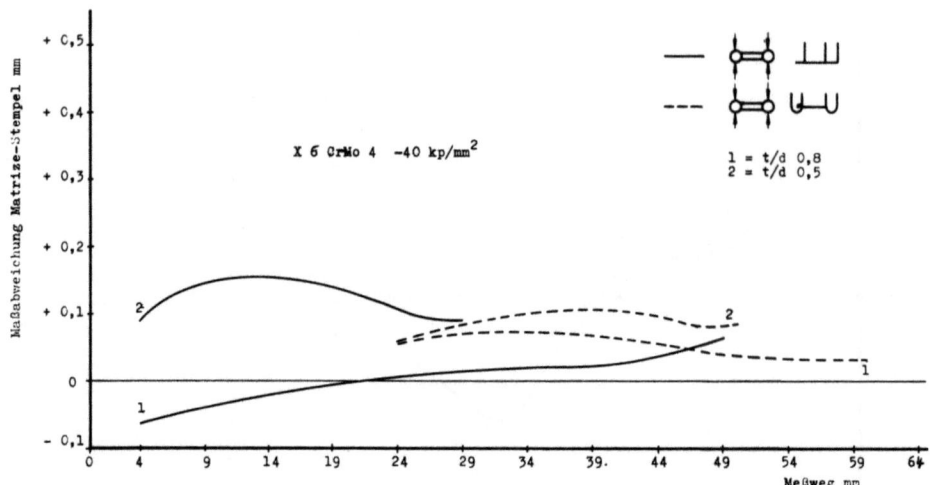

Abb. 38: Maßabweichung zwischen Stempel und Matrize bei Zweifachrundstempel mit Steg verschiedener Stirnflächenformen
Meßstelle Zylinder - lange Matrizenseitenfläche

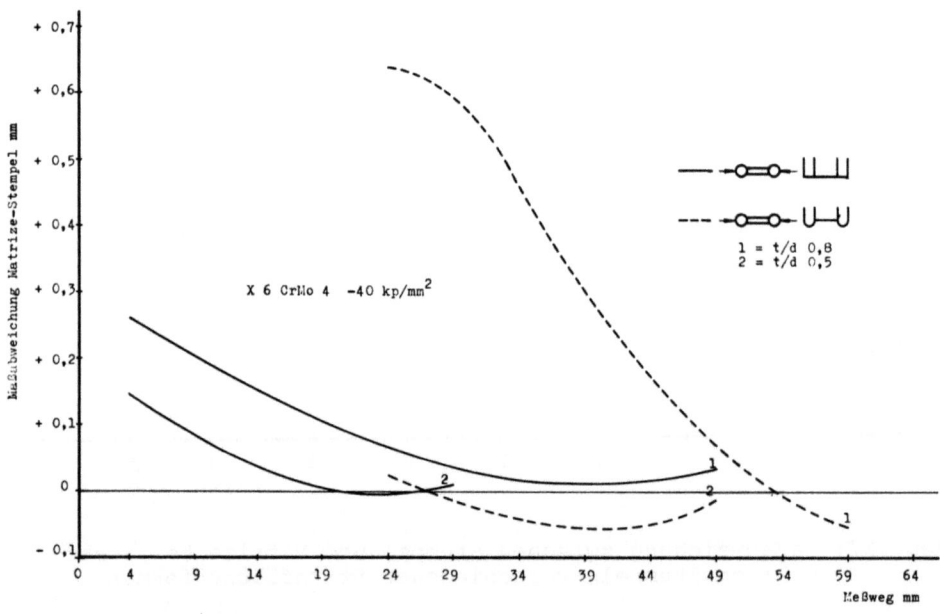

Abb. 39: Maßabweichung zwischen Stempel und Matrize bei Zweifachrundstempeln mit Steg verschiedener Stirnflächenformen
Meßstelle Zylinder - schmale Matrizenseitenfläche

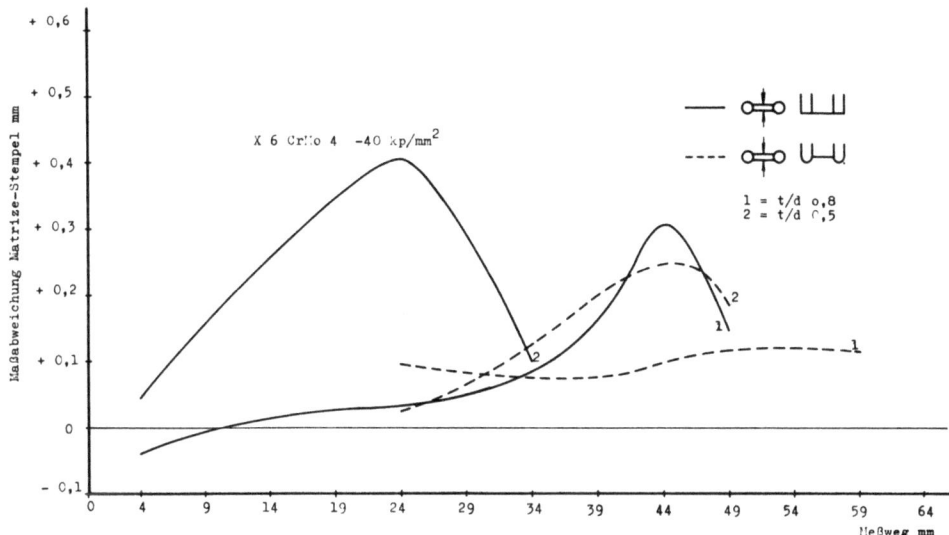

Abb. 40: Maßabweichung zwischen Stempel und Matrize bei Zweifachrundstempeln mit Steg verschiedener Stirnflächenformen
Meßstelle Seitenfläche Mitte Steg

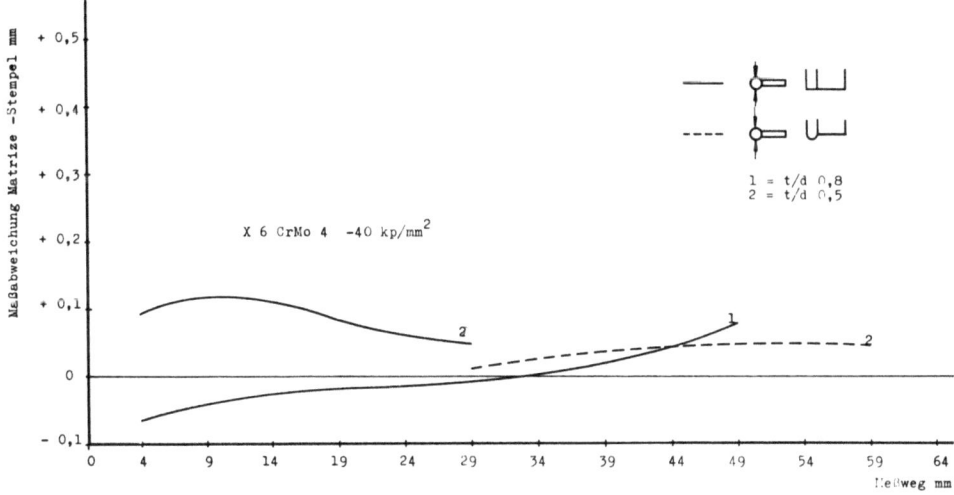

Abb. 41: Maßabweichung zwischen Stempel und Matrize bei Einfachrundstempeln mit Steg verschiedener Stirnflächenformen
Meßstelle Zylinder - lange Matrizenseitenfläche

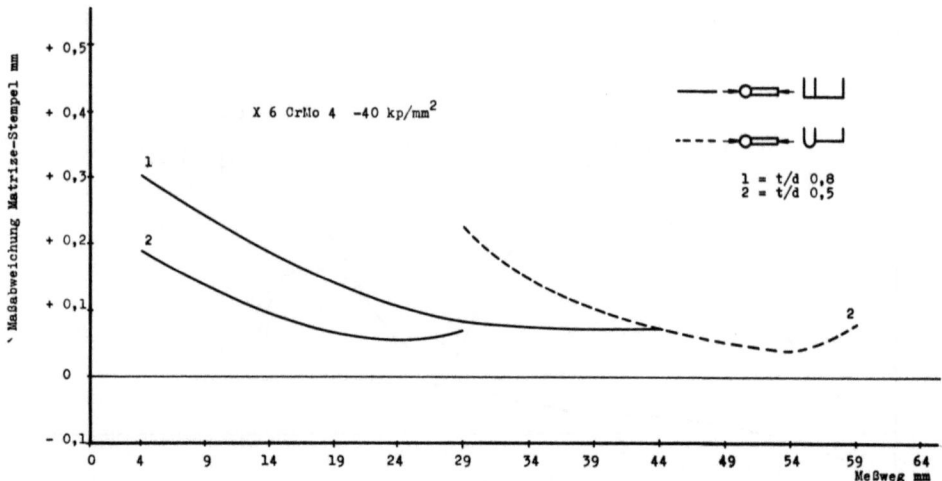

Abb. 42: Maßabweichung zwischen Stempel und Matrize bei Einfachrundstempeln mit Steg verschiedener Stirnflächenformen
Meßstelle Zylinder/Steg - schmale Matrizenseitenfläche

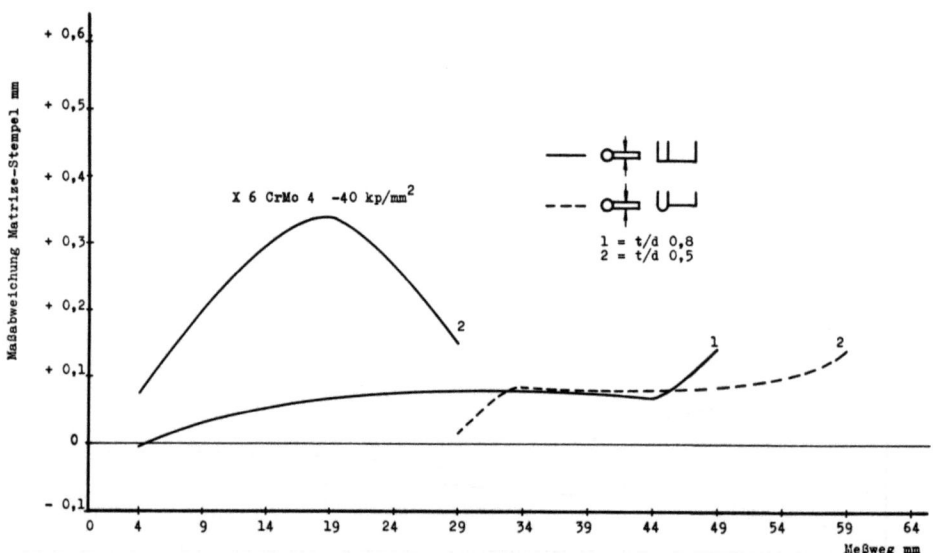

Abb. 43: Maßabweichung zwischen Stempel und Matrize bei Einfachrundstempeln mit Steg verschiedener Stirnflächenformen
Meßstelle Seitenfläche Mitte Steg

Forschungsberichte des Landes Nordrhein-Westfalen

Herausgegeben im Auftrage des Ministerpräsidenten Heinz Kühn
vom Minister für Wissenschaft und Forschung Johannes Rau

Sachgruppenverzeichnis

Acetylen · Schweißtechnik
Acetylene · Welding gracitice
Acétylène · Technique du soudage
Acetileno · Técnica de la soldadura
Ацетилен и техника сварки

Arbeitswissenschaft
Labor science
Science du travail
Trabajo científico
Вопросы трудового процесса

Bau · Steine · Erden
Constructure · Construction material ·
Soilresearch
Construction · Matériaux de construction ·
Recherche souterraine
La construcción · Materiales de construcción ·
Reconocimiento del suelo
Строительство и строительные материалы

Bergbau
Mining
Exploitation des mines
Minería
Горное дело

Biologie
Biology
Biologie
Biologia
Биология

Chemie
Chemistry
Chimie
Quimica
Химия

Druck · Farbe · Papier · Photographie
Printing · Color · Paper · Photography
Imprimerie · Couleur · Papier · Photographie
Artes gráficas · Color · Papel · Fotografía
Типография · Краски · Бумага · Фотография

Eisenverarbeitende Industrie
Metal working industry
Industrie du fer
Industria del hierro
Металлообрабатывающая промышленность

Elektrotechnik · Optik
Electrotechnology · Optics
Electrotechnique · Optique
Electrotécnica · Optica
Электротехника и оптика

Energiewirtschaft
Power economy
Energie
Energía
Энергетическое хозяйство

Fahrzeugbau · Gasmotoren
Vehicle construction · Engines
Construction de véhicules · Moteurs
Construcción de vehículos · Motores
Производство транспортных средств

Fertigung
Fabrication
Fabrication
Fabricación
Производство

Funktechnik · Astronomie
Radio engineering · Astronomy
Radiotechnique · Astronomie
Radiotécnica · Astronomía
Радиотехника и астрономия

Gaswirtschaft
Gas economy
Gaz
Gas
Газовое хозяйство

Holzbearbeitung
Wood working
Travail du bois
Trabajo de la madera
Деревообработка

Hüttenwesen · Werkstoffkunde
Metallurgy · Materials research
Métallurgie · Matériaux
Metalurgia · Materiales
Металлургия и материаловедение

Kunststoffe
Plastics
Plastiques
Plásticos
Пластмассы

Luftfahrt · Flugwissenschaft
Aeronautics · Aviation
Aéronautique · Aviation
Aeronáutica · Aviación
Авиация

Luftreinhaltung
Air-cleaning
Purification de l'air
Purificación del aire
Очищение воздуха

Maschinenbau
Machinery
Construction mécanique
Construcción de máquinas
Машиностроительство

Mathematik
Mathematics
Mathématiques
Matemáticas
Математика

Medizin · Pharmakologie
Medicine · Pharmacology
Médecine · Pharmacologie
Medicina · Farmacología
Медицина и фармакология

NE-Metalle
Non-ferrous metal
Metal non ferreux
Metal no ferroso
Цветные металлы

Physik
Physics
Physique
Física
Физика

Rationalisierung
Rationalizing
Rationalisation
Racionalización
Рационализация

Schall · Ultraschall
Sound · Ultrasonics
Son · Ultra-son
Sonido · Ultrasónico
Звук и ультразвук

Schiffahrt
Navigation
Navigation
Navegación
Судоходство

Textilforschung
Textile research
Textiles
Textil
Вопросы текстильной промышленности

Turbinen
Turbines
Turbines
Turbinas
Турбины

Verkehr
Traffic
Trafic
Tráfico
Транспорт

Wirtschaftswissenschaften
Political economy
Economie politique
Ciencias económicas
Экономические науки

Einzelverzeichnis der Sachgruppen bitte anfordern

Westdeutscher Verlag · Opladen
567 Opladen/Rhld., Ophovener Straße 1–3, Postfach 1620

MIX
Papier aus verantwortungsvollen Quellen
Paper from responsible sources
FSC® C105338

If you have any concerns about our products,
you can contact us on
ProductSafety@springernature.com

In case Publisher is established outside the EU,
the EU authorized representative is:
**Springer Nature Customer Service Center GmbH
Europaplatz 3, 69115 Heidelberg, Germany**

Printed by Libri Plureos GmbH
in Hamburg, Germany